普通高等教育“十四五”规划教材

机械工程安装与管理

——BIM 技术应用

主　编　邓祥伟　张德操

副主编　张新宇　于克强　宋长芬　冯诗桐

输入刮刮卡密码
查看本书数字资源

北　京
冶金工业出版社
2021

内 容 提 要

本书详细介绍了BIM的基础理论、Autodesk Revit建模软件基本操作、BIM应用领域和实际工程案例。全书共分为4章，主要内容包括：BIM的由来、技术概念及发展趋势；Revit三维建模软件的基本操作方法和主要功能；BIM技术在施工阶段、运营维护阶段和项目全生命周期中的作用与价值，以及BIM模型的应用；通过6个应用BIM技术的实际工程项目，对BIM技术在项目全生命周期的作用与价值进行具体解析。

本书可作为高等院校机械工程及相关专业的教材，也可供有关工程技术人员和BIM技术人员参考。

图书在版编目(CIP)数据

机械工程安装与管理：BIM技术应用/邓祥伟，张德操主编．—北京：冶金工业出版社，2021.11

普通高等教育“十四五”规划教材

ISBN 978-7-5024-8980-9

Ⅰ.①机… Ⅱ.①邓… ②张… Ⅲ.①机械设备—设备安装—工程管理—应用软件—高等学校—教材 Ⅳ.①TH182-39

中国版本图书馆CIP数据核字(2021)第242969号

机械工程安装与管理——BIM技术应用

出版发行 冶金工业出版社 **电　话** (010)64027926
地　址 北京市东城区嵩祝院北巷39号 **邮　编** 100009
网　址 www.mip1953.com **电子信箱** service@mip1953.com

责任编辑 杜婷婷 刘林烨 美术编辑 彭子赫 版式设计 郑小利
责任校对 范天娇 责任印制 李玉山

三河市双峰印刷装订有限公司印刷

2021年11月第1版，2021年11月第1次印刷

787mm×1092mm 1/16；11印张；263千字；164页

定价39.00元

投稿电话 (010)64027932 投稿信箱 tougao@cnmip.com.cn
营销中心电话 (010)64044283
冶金工业出版社天猫旗舰店 yjgycbs.tmall.com
(本书如有印装质量问题，本社营销中心负责退换)

序

机械工程安装与管理是一门多学科交叉的综合性课程，它涵盖了机械技术、建筑技术、起重运输、安装调试、工程经济、项目管理组织等多学科的知识。如何把众多学科结合起来进行系统表述是教学过程中的难点。BIM（Building Information Modeling，建筑信息模型）技术的出现很好地解决了这个问题，BIM 技术的特点是多学科在同一平台上进行交互操作，解决了多学科间由于平台不同造成的交流不畅，甚至造成工程浪费、不可逆缺陷及后期维护困难等问题。

BIM 技术是近几年出现的一种新兴技术方法，最开始在建筑行业应用。随着技术的发展，应用领域不断扩展，机械工程安装与管理已经成为 BIM 技术应用的主要领域之一。该技术通过数字化手段，在计算机中建立虚拟实体，该虚拟实体会提供一个统一、完整、包含逻辑关系的信息库。其中，信息不仅仅是实体的几何信息和材料信息，还包括其相关的机械设备安装信息、设备维护信息、设备运行信息以及各类经济信息、管理信息、设计分析信息、地理信息等。各种信息在以虚拟实体为载体的平台上进行交互，打破了各专业之间的藩篱。

BIM 技术是继“甩图板”之后的又一次跨越。BIM 技术中的正向设计方法是在立体思维的基础上进行设计，设计者和使用者直接面对相同的虚拟三维模型，摒弃了传统的设计方法，即先由设计者将自己设计思路中的三维模型进行平面转化绘制平面图纸，再由使用者根据平面图纸构建成具备使用功能的三维实体，在这个过程中极易产生偏差。

BIM 技术不是单纯的制图软件和绘图语言，而是一种思维模式，是一种多学科交融的方法。随着以 5G、云平台、大数据为代表的互联网技术不断发展，BIM 和其他技术正在深度融合，BIM+方兴未艾，应用领域不断扩展。

攻城不怕坚，攻书莫畏难。科学有险阻，苦战能过关。BIM 技术的学习之路一样也需要努力和攻坚克难的勇气。本书可作为 BIM 技术初级学习者的参考书和工具书，为学习者提供助力，并开阔视野。

鞍山市规划建筑设计集团总经理 傅海

2021 年 2 月

前　言

机械工程安装与管理是机械工程专业的一门专业课，机械设备安装与调试和工程项目管理可作为其先修课程。本书涉及多学科、多专业，特别适合采用BIM技术建立同一平台进行整合。机械工程安装与管理是实践性很强的领域，每个工程项目都有各自的特点，需要很全面的工程经验。本书由辽宁科技大学和鞍钢建设公司有关人员共同编写，在编写过程中注重工程项目管理经验的传递和知识的扩展。

随着互联网技术的快速发展，网络教育广泛应用，在高等院校的教学方式中大量采用了混合式教学的模式，混合式教学将线上和线下教学的优势相结合更有利于学生对知识的掌握。《机械工程安装与管理——BIM技术应用》采用BIM建模的主流软件Autodesk Revit进行三维建模，建模软件的学习也需要进行大量的实操训练。本课程可采用混合式教学模式，学生在线上通过网络学习软件基础操作，线下进行实操训练。线上学习建议使用超星学习通网络学习平台，该平台上有长春工程学院韩风毅副教授主讲的“BIM建模基础”和“BIM机电安装”两门课程，本书可作为线下学习的参考书和工具书。

本书讲述了BIM的基础理论、Autodesk Revit建模软件基本操作、BIM应用领域和实际工程案例。

第1章介绍了BIM的由来、技术概念及发展趋势。首先从BIM的来源、原理来阐述BIM的由来，继而细述了BIM技术的相关概念、类型划分及特征；最后介绍了BIM技术的现状及发展趋势，凸显了BIM技术的重要性。

第2章以Autodesk Revit 2018软件为基础，介绍了Revit三维建模软件的基本操作方法和主要功能。对Revit MEP重点介绍，分别对通风系统模型、管道系统模型、电气系统模型三个专业的建模方法进行说明。Autodesk Revit是当今主流的BIM建模软件，Revit MEP是针对机电安装工程的专业软件。

第3章主要介绍了BIM技术在施工阶段、运营维护阶段及项目全生命周期中的作用和价值，全面阐述了BIM模型的各个应用点。

第4章通过6个应用BIM技术的实际工程项目，对BIM技术在项目全生命周期的作用与价值进行具体解析。北京大兴国际机场旅客航站楼及综合换乘中心项目是国家重点工程，BIM技术在整个项目运行的各个方面都有突出应用成果。国家会展中心（上海）也是国家重点工程，BIM技术在幕墙的设计、制造、安装等方面起到了关键的作用。华润深圳湾国际商业中心项目是典型的商业地产项目，包括商场、办公楼、居住区等，是BIM技术应用于商业地产的标杆项目。上海老港再生能源利用中心生活垃圾发电厂是目前为止在亚洲地区的生活垃圾发电厂最大的项目之一，是BIM技术在新能源领域的应用范例。某新能源汽车有限公司车身能源中心是现代工矿企业先进的能量供给与管理模式，BIM技术成功应用于能源中心的建设和管理的各个方面。某装配式钢结构住宅项目是未来住宅发展的趋势，BIM技术在设计、制造、安装、运营、管理的项目全生命周期起着支撑作用。

本书由辽宁科技大学机械学院的邓祥伟、张新宇、于克强和鞍钢建设集团BIM研发中心的张德操、宋长芬、冯诗桐共同编写，并由邓祥伟、张德操担任主编，鞍钢建设集团BIM研发中心提供了宝贵的工程案例。此外，特别感谢鞍山市规划建筑设计集团总经理傅海先生，在百忙之中为本书作序。

由于编者水平所限，书中不妥之处，恳请广大读者批评指正。

编 者

2021年2月

目　　录

1 BIM 技术概论

1.1 BIM 的由来

1.1.1 BIM 的来源

1.1.1.1 BIM 思想的起源

BIM 的英文全称是 Building Information Modeling，国内较为一致的中文翻译为建筑信息模型。

1962 年，美国麻省理工学院的埃文·萨塞兰（Ivan E. Sutherland）在他的博士课题中，首次开发了计算机图形系统“Sketchpad”，实现了用光笔在计算机屏幕上作图，并可控制图形在屏幕上的放大、缩小，开启交互式图形系统的先河。

在 CAAD 发展过程中，有一位重要的先驱人物看到了其发展中存在的问题，这位先驱人物就是查理斯·伊斯曼（Charles Eastman）。在 20 世纪 70 年代，伊斯曼教授开始对三维空间实体和参数化建模（solid and parametric modeling）的 CAAD 系统的研究，开始设计 BIM 技术范畴。伊斯曼教授对 BIM 技术做的开创性研究可以追溯到 1974 年 9 月他和他的合作者发表的一份研究报告“An outline of the building description system ”（建筑描述系统概要），他在这份研究报告中提出了数据库技术建立建筑描述系统（BDS）的概念性设计。可以说，这就是 BIM 技术的起源思想。

1999 年，伊斯曼教授出版了一本专著 *Building Product Models*：*Computer Environments*，*Supporting Design and Construction*（建筑产品模型：支撑设计和施工的计算机环境），这是 20 世纪 70 年代开展建筑信息建模研究以来的第一本专著。专著中介绍了 STEP 标准和 IFC 标准，论述了建模的概念、支撑技术和标准，并提出了开发一个新的用于建筑设计、土木工程和建筑施工的数字化表达方法的概念、技术和方法。这是一本在 BIM 发展历史上很有代表性的著作。

1.1.1.2 BIM 概念的来源

BIM 一词最早是由计算机软件技术供应商提出来的商业用语。而事实上，真正意义上的建筑信息模型理论在 BIM 出现之前，在欧美国家已经发展了超过 30 年。信息模型技术的应用在早期主要集中在制造业及航空航天领域，诸如工业设计、汽车设计、飞机和航天器设计等，但受当时环境限制没能普及。

2000 年开始，全球最大的建筑软件开发商 Autodesk 公司致力于 BIM 技术的研究并在全球推广，2002 年，其发布的“Autodesk 的 BIM 战略白皮书”率先提出了 BIM 的概念和理论。Autodesk 公司所倡导的 BIM 理论是：BIM 不仅仅是一种建筑软件的简单应用，它代表了一种全新的思维方法和工作方式，是对传统的以 CAD 二维图纸为主要信息载体的建设模式的颠覆。同时，Autodesk 公司推出了自己的 BIM

软件产品，此后，全球另外两个大软件开发商 Bentley、Graphisoft 也相继推出了自己的 BIM 产品。从此 BIM 从一种理论思想变成了用来解决实际问题的数据化的工具和方法。

现在，BIM 已成为全球范围内建筑与工程建设行业内最为热门的名词之一。通过百度等搜索引擎在网上搜索“BIM 技术”或者“建筑信息模型”，搜索结果可达数百万条之多，涉及政府机构、建筑行业、科研机构等，社会对其关注度可见一斑。

1.1.2　BIM 的技术原理

BIM 的技术原理来源于三维设计的概念，是伴随着信息技术在建筑业的深入运用而产生的。早期 BIM 常以不同的名称出现，例如单一建筑模型（SBM，Single Building Model）、集成建筑模型（IBM，Integrated Building Model）、通用建筑模型（GBM，Generic Building Model）或虚拟建筑模型（VBM，Virtual Building Model）等。

BIM 技术是将建筑工程项目各种相关信息全部集成在一起的数据模型，它通过数字信息仿真模拟出建筑物的真实信息，包括三维的几何形状信息及非几何形状信息，比如构筑物的材料、重量、造价及施工进度等。

BIM 作为数字信息化虚拟建模技术，不仅包含项目所有信息的数据模型，还对项目信息进行创建与组织的行为模型。而这两种模型的内容通过结合，使数据产生了动态的关联，而 BIM 技术也成了一种应用于项目管理的数字信息化方法，由此将 BIM 技术归纳为如下图的三个层级方面的应用，如图 1-1 所示。

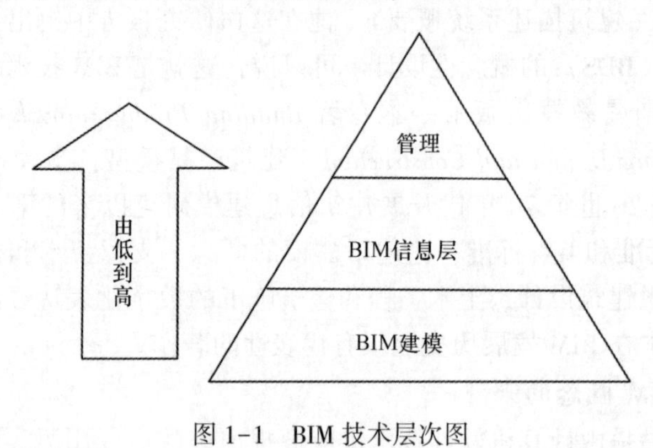

图 1-1　BIM 技术层次图

1.2　BIM 技术概念

1.2.1　BIM 的含义

1.2.1.1　国际 BIM 定义

国际标准组织设施信息委员会（Facilities Information Council）将 BIM 定义为：

在开放的工业标准下对设施的物流和功能特性及其相关的项目生命周期信息的可计算或可运算的形式表现，从而为决策提供支持，以便更好地实现项目的价值。

美国建筑智能联盟的 BIM 项目执行计划指南 1.0，在对美国 AEC 领域的 BIM 使用情况进行调查研究的基础上总结出目前 BIM 的 25 种不同应用，包括维护设计、建筑系统分析、资产管理、空间管理/追踪、灾害计划、记录模型、场地使用规划、施工系统设计、数字化加工、三维控制和规划、3D 设计协调、设计建模、能量分析、结构分析、日照分析、设备分析、其他分析、LEED 评估、规范论证、规划文本编制、场地分析、设计方案论证、阶段规划、成本预算和现状建模。上述 BIM 应用有些跨越建筑项目规划、设计、施工、运营等阶段的一到多个阶段，有些应用则局限在某个阶段内。BIM 规划团队可以根据建设项目的实际情况从中选择计划要实施的 BIM 应用。

1.2.1.2 国内 BIM 定义

在标准《建筑信息模型应用统一标准》（GB/T 51212—2016）中，将 BIM 定义为：建筑信息模型在建设工程及设施全生命期内，对其物理和功能特性进行数字化表达，并依此设计、施工、运营的过程和结果的总称。

BIM 以三维数字技术为基础，集成了建筑工程项目各种相关信息的工程数据模型，是对工程项目设施实体和功能特性的数字化表达。BIM 技术核心是解决信息孤岛问题，实现信息共享，BIM 的作用是使建筑项目信息在规划、设计、施工和运行全生命周期全过程中充分共享、无损传递，为多方协同工作提供坚实基础，促进建筑全产业链的技术模式和管理模式变革，加快建筑业技术和管理水平升级。

BIM 技术目前正越来越多应用于建筑行业中，它可以将参建方在设计、施工、项目管理、项目运营等各个过程中的所有信息整合在统一的数据库中，通过数字信息仿真模拟建筑物所具有的真实信息，为建筑的全生命周期管理提供平台。在整个系统的运行过程中，要求业主、设计方、监理方、总包方、分包方、供应方多渠道和多方位的协调，并通过网上文件管理协同平台进行日常维护和管理，如图 1-2 所示。

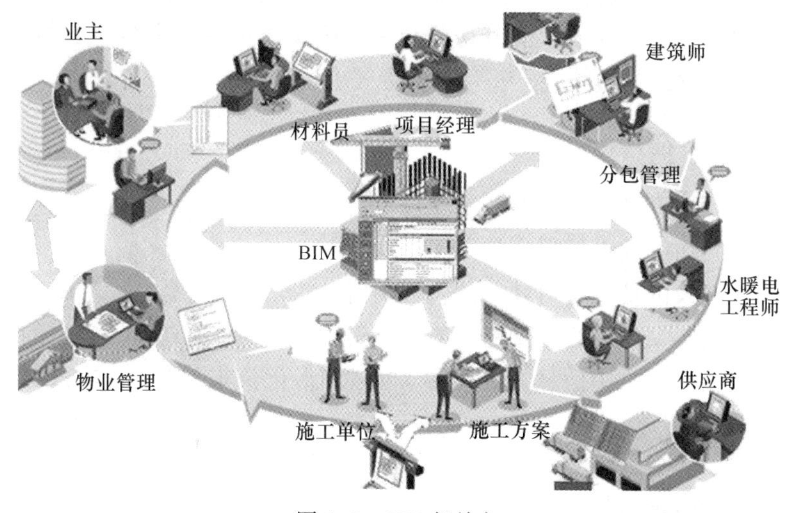

图 1-2 BIM 相关方

1.2.1.3　相关 BIM 定义

NIBS（美国国家建筑科学研究院）对 BIM 定义是出于可视化、工程分析、冲突分析、规范标准检查、成本分析、竣工验收、预算及其他多种目的而建立一个设施电子化模型的行动。

AIA（美国建筑师协会）认为 BIM 是一种与数据库相联系基于模型的项目信息技术。

麦格劳·希尔对 BIM 理解为为了项目的设计、建造和运营等需要而创建和使用数字化模型的过程。

图软公司（Graphisoft）认为 BIM 是一个包含了图形文件（图纸）及非图形文件（合同进度计划和其他数据）的单一知识库。

泰克拉认为 BIM 是一个在建筑物结构和细节方面进行建模和沟通的过程，以有利于建设项目的整个生命周期。

美国国家 BIM 标准（NBIMS）对 BIM 的定义是：BIM 是一个设施（建设项目）物理和功能特性的数字表达；BIM 是一个共享的知识资源，是一个分享有关这个设施的信息，为该设施从建设到拆除的全生命周期中的所有决策提供可靠依据的过程在项目的不同阶段，不同利益相关方通过在 BIM 中插入、提取、更新和修改信息，以支持和反映其各自职责的协同作业。

住房和城乡建设部工程质量安全监管司处长对 BIM 做出了解释，她表示：BIM 技术是一种应用于工程设计、建造、管理的数据化工具，通过参数模型整合各种项目的相关信息，在项目策划、运行和维护的全生命周期过程中进行共享和传递，使工程技术人员对各种建筑信息做出正确理解和高效应对，为设计团队及包括建筑运营单位在内的各方建设主体提供协同工作的基础，在提高生产效率、节约成本和缩短工期方面发挥重要作用。

总的来说，BIM 就是利用创建好的 BIM 模型提升设计质量，减少设计错误，获取、分析工程量成本数据，并为施工建造全过程提供技术支撑，为项目参建各方提供基于 BIM 的协同平台，有效提升协同效率，确保建筑在全生命周期中能够按时、保质、安全、高效、节约完成，并且具备责任可追溯性。

1.2.2　BIM 的特征

（1）模型中包含的信息涉及整个项目生命周期。

（2）为项目协同建设提供支持。

（3）其中涉及的信息是可计算的，强调信息的完全数字化。

（4）由参数定义的、互动的建筑物构件构成，且构件中包含了丰富的信息。

（5）建筑信息模型中信息的表现可以通过图形化及非图形化的方式实现。

1.2.3　BIM 的概念框架

（1）建筑信息模型是一个综合多种不同维度的综合体，单纯地从某一个方面入手不能收到事半功倍的效果。

(2) 模型是建筑信息模型的基础、核心和对象，但是在实际的工作中，模型的应用必须辅以相关的合同、管理手段，才能真正发挥其作用，并有效规避风险。

(3) 技术是建筑信息模型的基础，只有在坚实的技术支持下，才能使建筑信息模型发挥其作用。

1.2.4 BIM 的分类体系

按照模型中所集成的信息的特征，可以分为3D模型、4D模型、5D模型乃至*n*D模型等。三维（3D）包含了工程项目所有的几何、物理、功能和性能信息；四维（4D）是3D加上项目发展的时间，用来研究建筑可建性（可施工性）、施工计划安排以及优化任务和工作顺序；五维（5D）是四维（4D）加上造价控制；六维（6D）是五维（5D）加上性能分析应用，使得可以配合建筑方案的细化过程逐步深入，做出真正性能好的建筑。

按照专业和项目建设阶段划分，可以划分为：

(1) 设计模型，又可以细分为建筑模型、结构模型、MEP模型、综合模型、各种分析模型等；

(2) 施工模型，又可以细分为总包模型、专业分包模型等；

(3) 制造模型，设施运营管理模型等。

按照模型中的信息集中化程度，可以划分为集中式模型和分布式模型。对于不同类型的建筑信息模型，其中所包含的信息的集成化程度、内容等各个方面存在着较大的差异。

1.3 BIM 的发展趋势

1.3.1 BIM 的发展情况

从20世纪90年代提出至今，BIM已经从概念普及进入应用普及阶段，开展从小范围、企业内的试验到局部范围、多方协同的实践，并且逐步向全产业协同、全生命周期实施应用迈进。目前，美国、新加坡、日本、韩国等多个国家已在建筑行业提出BIM应用要求，并建立相关BIM企业级和行业级应用标准。

1.3.1.1 BIM 在英国的发展现状

在英国，英政府要求强制使用BIM，英国内阁办公室于2011年5月发布“政府建设战略”文件，其中包含整个关于建筑信息模型的章节，政府明确要求2016年前企业实现3D-BIM的全面协同。

政府要求强制使用BIM的文件得到了英国建筑业BIM标准委员会［AEC（UK）BIM Standard Committee］的支持。迄今为止，英国建筑业BIM标准委员会已发布了英国建筑业BIM标准［AEC（UK）BIM Standard］，适用于Revit的英国建筑业BIM标准［AEC（UK）BIM Standard for Revit］、适用于Bentley的英国建筑业BIM标准［AEC（UK）BIM Standard for Bentley Product］，并还在制定适用于Archi-

ACD、Vectorworks的BIM标准，这些标准的制定为英国的AEC企业从CAD过渡到BIM提供切实可行的方案和程序。

1.3.1.2 BIM在美国的发展现状

美国是较早启动建筑业信息化研究的国家，至今其BIM研究与应用均走在世界前列。政府自2003年起，实行国家级3D-4D-BIM计划；自2007年起，规定所有重要项目通过BIM进行空间规划。关于美国BIM的发展，有以下几大BIM的相关机构：

（1）GSA。2003年，为了提高建筑领域的生产效率、提升建筑业信息化水平，美国总务署（GSA，General Service Administration）推出了全国3D-4D-BIM计划。从2007年起，GSA要求所有大型项目（招标级别）都需要应用BIM技术，最低要求是空间规划验证及最终概念展示都需提交BIM模型。所有GSA的项目都被鼓励采用3D-4D-BIM技术，并且根据项目承包商应用BIM技术的程度不同，给予不同程度的资金支持。目前GSA正在研究项目全生命周期BIM技术应用，包括空间规划验证、4D模拟、激光扫描、能耗和可持续发展模拟、安全验证等，并陆续发布各领域的BIM系列指南，并且官网提供下载相关软件，对于规范BIM技术在实际项目中的应用起到了重要作用。

（2）USACE。2006年10月，美国陆军工程兵团（USACE，U. S. Army Corps of Engineers）发布了为期15年的BIM发展路线规划，USACE对采用和实施BIM技术制定战略规划，用以提升规划、设计和施工的质量及其效率。规划中，USACE承诺未来所有军事建筑项目都将使用BIM技术。从而推动了BIM技术在军事建筑项目的发展。

1.3.1.3 BIM在韩国的发展现状

在韩国，多个政府部门都致力制定BIM的标准。2010年4月，韩国公共采购服务中心（PPS，Public Procurement Service）发布了BIM路线图。内容包括：2010年，在1~2个大型工程项目应用BIM；2011年，在3~4个大型工程项目应用BIM；2012—2015年，超过50亿韩元大型工程项目都采用4D. BIM技术（3D+成本管理）；2016年前，全部公共工程应用BIM技术。2010年12月，PPS发布了《设施管理BIM应用指南》，针对设计、施工图设计、施工等阶段中的BIM应用进行指导，并于2012年4月对其进行了更新。

2010年1月，韩国国土交通海洋部发布了《建筑领域BIM应用指南》，该指南为开发商、建筑师和工程师在申请四大行政部门、16个都市以及6个公共机构的项目时，提供采用BIM技术必须注意的方法及要素的指导。指南应该能在公共项目中系统地实施BIM，同时也为企业建立实用的BIM实施标准。

1.3.1.4 BIM在北欧的发展现状

北欧国家（如挪威、丹麦、瑞典和芬兰）是一些主要的建筑业信息技术的软件厂商所在地，因此，这些国家是全球最先一批采用基于模型设计的国家，也在推动建筑信息技术的互用性和开放标准。北欧国家冬天漫长多雪，这使得建筑的预制化非常重要，这也促进了包含丰富数据、基于模型的BIM技术发展，并导致了这些国家及早地进行了BIM的部署。

北欧四国政府并未强制要求全部使用BIM，由于当地气候的要求以及先进建筑信息技术软件的推动，BIM技术的发展主要是企业的自觉行为。例如2007年，Senate Properties发布了一份建筑设计的BIM要求（Senate Properties' BIM Requirements for Archi- tectural Design，2007），自2007年10月1日起，Senate Properties的项目仅强制要求建筑设计部分使用BIM，其他设计部分可根据项目情况自行决定是否采用BIM技术，但目标将是全面使用BIM。该报告还提出，在设计招标中将有强制的BIM要求，这些BIM要求将成为项目合同的一部分，具有法律约束力；建议在项目协作时，建模任务需创建通用的视图，需要准确的定义；需要提交最终BIM模型，且建筑结构与模型内部的碰撞需要进行存档；建模流程分为空间组BIM、空间BIM、初步建筑构件BIM和建筑构件BIM四个阶段。

1.3.1.5 BIM在中国的发展现状

中国香港的BIM发展也主要靠行业自身的推动。早在2009年，中国香港便成立了香港BIM学会。2010年中国香港的BIM技术应用目前已经完成从概念到实用的转变，处于全面推广的最初阶段。香港房屋署自2006年起，已率先试用建筑信息模型；为了成功地推行BIM，自行订立BIM标准、用户指南、组建资料库等设计指引和参考。这些资料有效地为模型建立、管理档案，以及用户之间的沟通创造了良好的环境。2009年11月，香港房屋署发布了BIM应用标准。香港房屋署提出，在2014年到2015年该项技术将覆盖香港房屋署的所有项目。

在科研方面，2007年台湾大学与Autodesk签订了产学合作协议，重点研究建筑信息模型（BIM）及动态工程模型设计。2009年，台湾大学土木工程系成立了工程信息仿真与管理研究中心，促进了BIM相关技术与应用的经验交流、成果分享、人才培训与产学研合作。2011年11月，BIM中心与淡江大学工程法律研究发展中心合作，出版了《工程项目应用建筑信息模型之契约模板》一书，并特别提供合同范本与说明，补充了现有合同内容在应用BIM上之不足。高雄应用科技大学土木系也于2011年成立了工程资讯整合与模拟（BIM）研究中心。此外，台湾交通大学、台湾科技大学等对BIM进行了广泛的研究，推动了台湾地区对于BIM的认知与应用。

在中国其他地区，无论政府还是行业巨头，对BIM的发展预期均持乐观态度，对数字化目标和标准制定表现积极。相比2014年，中国其他地区BIM普及率超过10%，BIM试点提高近6%。

1.3.2 未来的BIM政策发展趋势

（1）目前的BIM指导意见提出，以国有资金投资为主的大中型建筑、申报绿色建筑的公共建筑和绿色生态示范小区，项目的勘察设计、施工、运营维护中，集成应用BIM的项目比率应达到90%。

（2）逐步健全与完善BIM标准体系，目前已陆续出台了《建筑工程信息模型应用统一标准》《建筑工程设计信息模型分类和编码标准》和《建筑信息模型分类和编码标准》，《建筑工程信息模型存储标准》《建筑工程设计模型交付标准》和《制造工业工程设计信息模型应用标准》正在编制、报批中。相信我国BIM标准的

制定和不断完善，会加快我国BIM技术的迅猛发展。

（3）大力推广BIM技术与装配式建筑、绿色建筑等技术的融合。装配式建筑与建筑信息融合发展，可依托信息技术，打破传统建筑业上下游界线，实现产业链信息共享，推动装配式建筑实现智能升级。

自2018年以来，越来越多关于BIM的推进政策陆续推出，BIM技术将逐步向全国各城市推广开来，真正实现在全国范围内的普及应用。

2 Autodesk Revit 建模基础

2.1 Autodesk Revit 基本知识

BIM 技术是建设工程及设施全生命期内，对其物理和功能特性进行数字化表达。将表达对象进行模型化处理是 BIM 技术的基础，进行 BIM 建模的主流软件是 AutodeskRevit。

本节主要讲解 Revit 软件的基础知识，介绍基本的用户界面和操作命令工具，掌握三维设计制图的原理。

2.1.1 Autodesk Revit 概述

2.1.1.1 软件的五种图元要素

A 主体图元

主体图元包括墙、楼板、屋顶和天花板、场地、楼梯、坡道等。主体图元的参数设置，比如大多数的墙都可以设置构造层、厚度、高度等。楼梯都具有踏面、踢面、休息平台、梯段宽度等参数。主体图元的参数设置由软件系统预先设置，用户不能自由添加参数，只能修改原有的参数设置，编辑创建出新的主体类型，如图 2-1 所示。

图 2-1 墙参数设置对话框

B　构件图元

构件图元包括窗、门和家具、植物等三维模型构件。构件图元和主体图元具有相对的依附关系，比如门窗是安装在墙主体上的，删除墙，则墙体上安装的门窗构件也同时被删除，这是 Revit 软件的特点之一。构件图元的参数设置相对灵活，变化较多，所以在 Revit 软件中，用户可以自行定制构件图元，设置各种需要的参数类型，以满足参数化设计修改的需要，如图 2-2 所示。

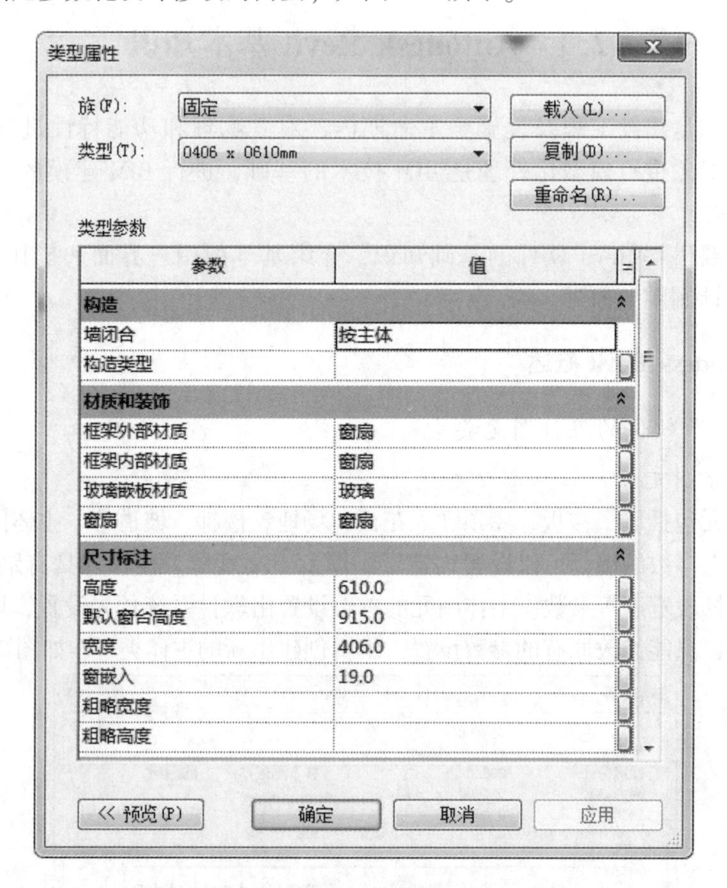

图 2-2　族参数设置对话框

C　注释图元

注释图元包括尺寸标注、文字注释、标记和符号等。注释图元的样式都可以由用户自行定制，以满足各种本地化设计应用的需要，比如展开项目浏览器的族中注释符号的子目录，即可编辑修改相关注释族的样式，如图 2-3 所示。Revit 中的注释图元与其标注、标记的对象之间具有某种特定的关联的特点，比如门窗定位的尺寸标注，若修改门窗位置或门窗大小，其尺寸标注会根据系统自动修改；若修改墙体材料，则墙体材料的材质标记会自动变化。

D　基准面图元

基准面图元包括标高、轴网、参照平面等。因为 Autodesk Revit 是一款三维设计软件，而三维建模的工作平面设置是其中非常重要的环节，所以标高、轴网、参

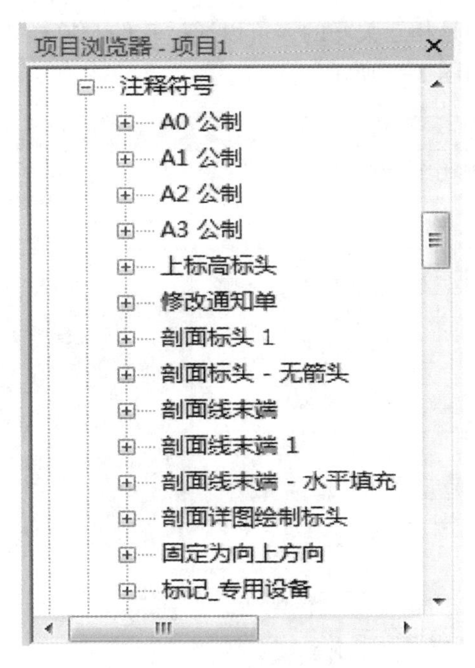

图 2-3 项目浏览器注释符号族列表

照平面等基准面图元就为用户提供了三维设计的基准面，如图 2-4 所示。辅助线，以及绘制辅助标高或设定相对标高偏移来定位，比如绘制楼板时，软件默认在所选视图的标高上绘制，可以通过设置相对标高偏移值来调整，比如卫生间下降楼板等。

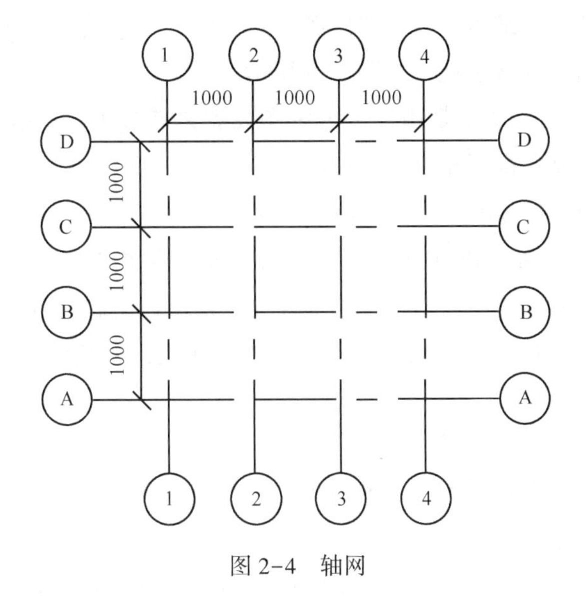

图 2-4 轴网

E 视图图元

视图图元包括楼层平面图、天花板平面图、三维视图、立面图、剖面图及明细表等。视图图元的平面图、立面图、剖面图及三维轴测图、透视图等都是基于模型

生成的视图表达，它们是相互关联的，可以通过软件对象样式的设置来统一控制各个视图的对象显示，如图 2-5 所示。

图 2-5　平面视图的可见性/图形替换

每一个平面、立面、剖面视图都具有相对的独立性，比如每一个视图都可以对其进行构件可见性、详细程度、出图比例、视图范围等的设置，这些都可以通过调整每个视图的视图属性来实现，如图 2-6 所示。

Revit 软件的基本构架就是由以上五种图元要素构成的。对以上图元要素的设置、修改及定制等操作都有相类似的规律。

2.1.1.2　族的名词解释

Revit 软件是一款参数化 BIM 软件，其族的概念非常重要。通过族的创建和定制，使软件具备了参数化设计的特点及实现本地化项目定制的可能性。族是一个包含通用属性（称为参数）集和相关图形表示的图元组，所有添加到 Revit 项目中的图元都是使用族来创建的。

在 Revit 中，有以下三种族。

（1）内建族。内建族是指在当前项目为专有的特殊构件所创建的族，不需要重复利用。

（2）系统族。系统族包含基本建筑图元，如墙、屋顶、天花板、楼板及其他要在施工场地使用的图元。标高、轴网、图纸和视口类型的项目和系统设置也是系统族。

（3）标准构件族。标准构件族用于创建建筑构件和一些注释图元的族，比如

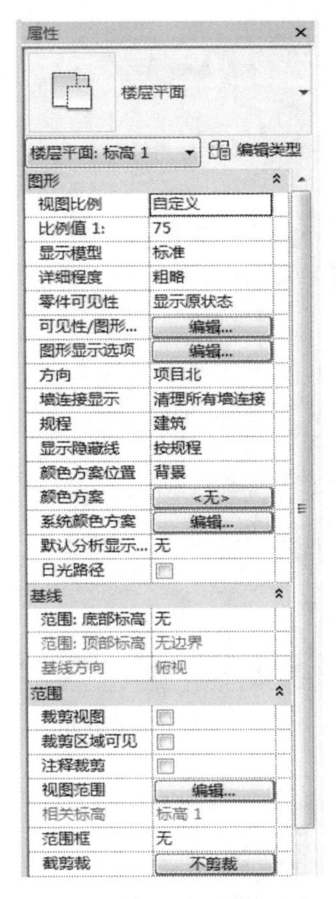

图 2-6 楼层平面属性列表

窗、门、橱柜、装置、家具、植物和一些常规自定义的注释图元（如符号和标题栏等），它们具有可自定义高度的特征，可重复利用。

2.1.1.3 工作界面介绍

A 应用程序菜单

应用程序菜单提供对常用文件操作的访问，比如“新建”“打开”和“保存”菜单。还允许使用更高级的工具（如“导出”和“发布”）来管理文件。单击按钮打开应用程序菜单，如图 2-7 所示。

扫码看 Revit 工作界面介绍视频

在 Autodesk Revit 中自定义快捷键时选择应用程序菜单中的“选项”命令，弹出“选项”对话框，然后单击“用户界面”选项卡中的“自定义”按钮，在弹出“快捷键”对话框进行设置，如图 2-8 所示。

B 快速访问工具栏

单击快速访问工具栏后的下拉按钮，将弹出工具列表。若要向快速访问工具栏中添加功能区的按钮，可在功能区中单击鼠标右键，在弹出的快捷菜单中选择“添加到快速访问工具栏”命令，按钮会添加到快速访问工具栏中默认命令的右侧，如图 2-9 所示。

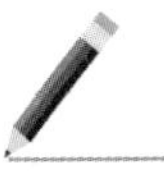

图 2-7　应用程序菜单

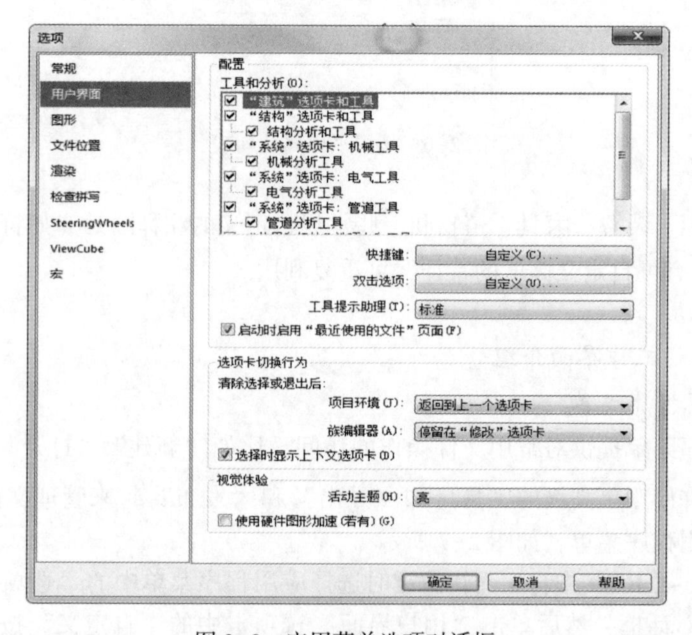

图 2-8　应用菜单选项对话框

图 2-10 可以对快速访问工具栏中的命令进行向上或向下移动命令、添加分隔符、删除命令等操作。

C　功能区三种类型的按钮

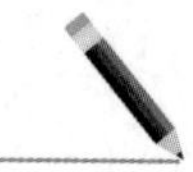

功能区包括以下三种类型的按钮。

(1) 按钮——单击可调用工具。

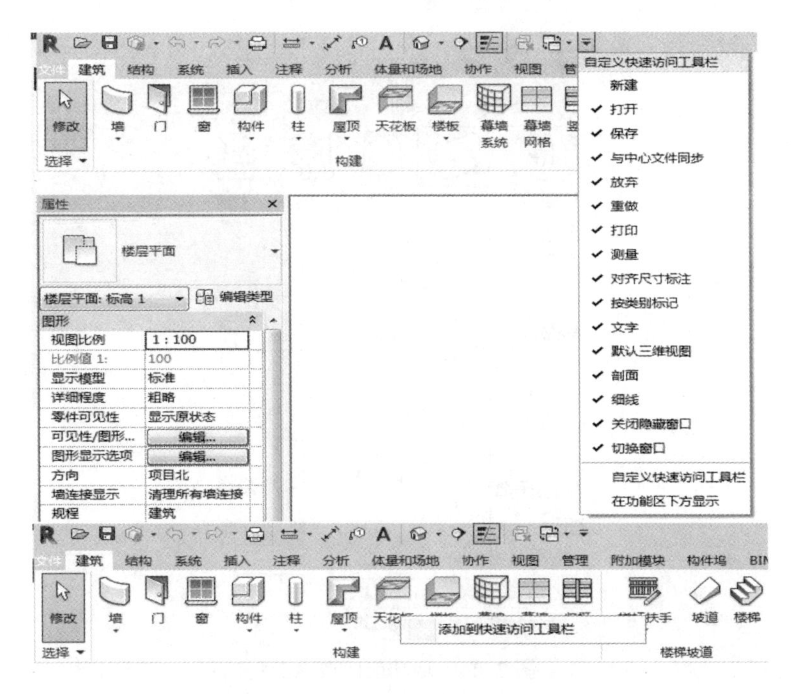

图 2-9　自定义快速访问工具栏

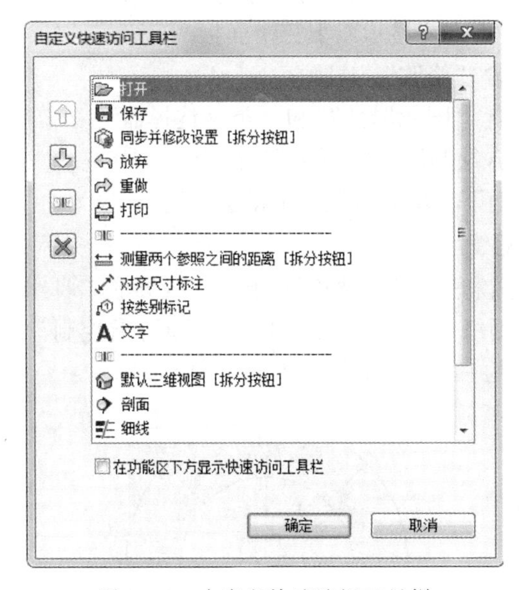

图 2-10　自定义快速访问工具栏

（2）下拉按钮——如图 2-11 中“墙”包含一个下三角按钮，用以显示附加的相关工具。

（3）分割按钮——调用常用的工具或显示包含附加相关工具的菜单。

D　上下文功能区选项卡

激活某些工具或者选择图元时，会自动增加并切换到一个“上下文功能区选项卡”，其中包含一组只与该工具或图元的上下文相关的工具。

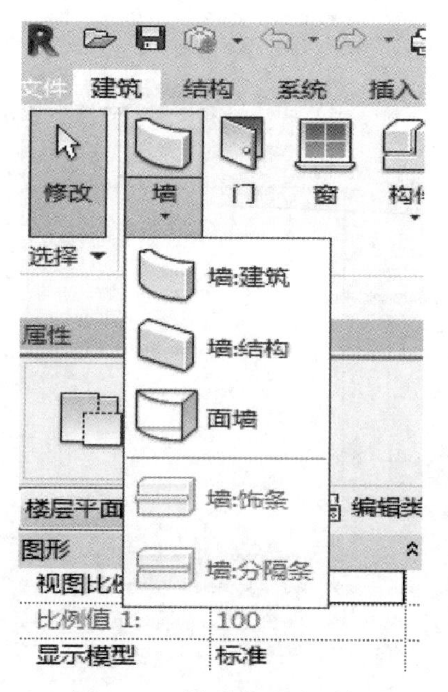

图 2-11　墙功能区选项卡

例如，单击“墙”工具时，将显示“修改｜放置墙”的上下文选项卡（请扫左侧二维码查看），其中主要显示以下三个面板。

（1）选择——包含“修改”工具。

（2）图元——包含“图元属性”和“类型选择器”。

（3）图形——包含绘制墙草图所必需的绘图工具。

退出该工具时，上下文功能区选项卡即会关闭。

E　全导航控制盘

将查看对象控制盘和巡视建筑控制盘上的三维导航工具组合到一起。用户可以查看各个对象，以及围绕模型进行漫游和导航。全导航控制盘（大）和全导航控制盘（小）适合有经验的三维用户使用，如图 2-12 所示。

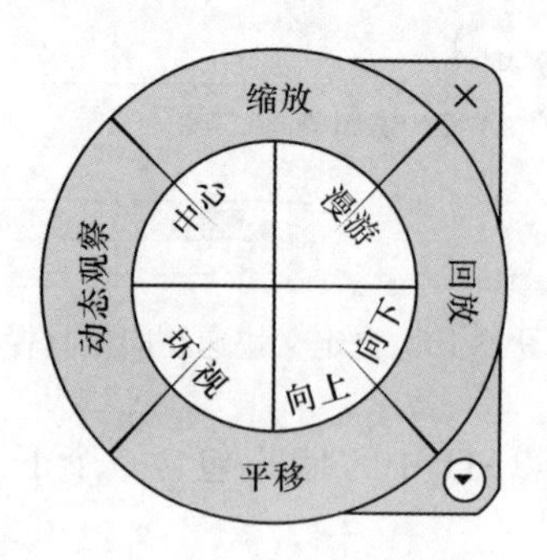

图 2-12　全导航控制盘

注意：显示其中一个全导航控制盘时，单击任何一个选项，然后按住鼠标左键不放即可进行调整，比如进行缩放，按住鼠标左键前后拉动可进行视图的大小控制。

（1）切换到全导航控制盘（大）：在控制盘上单击鼠标右键，在弹出的快捷菜单中选择“全导航控制盘”命令。

（2）切换到全导航控制盘（小）：在控制盘上单击鼠标右键，在弹出的快捷菜单中选择“全导航控制盘（小）”命令。

F　ViewCube

ViewCube 是一个三维导航工具，可指示模型的当前方向，并让用户调整视点，如图2-13 所示。

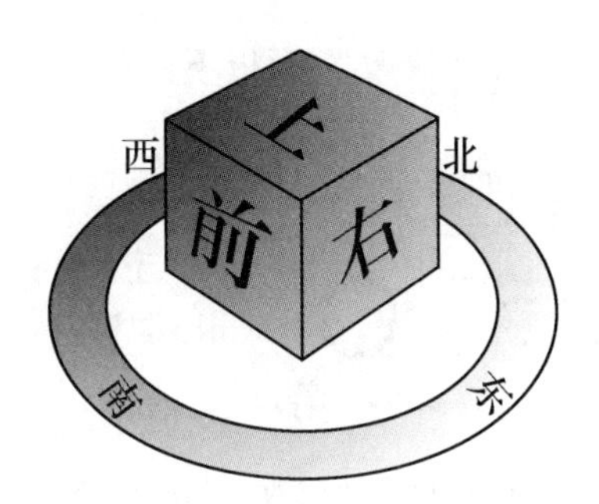

图 2-13　三维导航工具

主视图是随模型一同存储的特殊视图，可以方便地返回已知视图或熟悉的视图，用户可以将模型的任何视图定义为主视图。

具体操作：在 ViewCube 上单击鼠标右键，在弹出的快捷菜单中选择“将当前视图设定为主视图”命令。

G　视图控制栏

视图控制栏位于 Revit 窗口底部的状态栏上方，1:100 界面通过它，可以快速访问影响绘图区域的功能，视图控制栏工具的内容从左向右依次如下。

（1）比例。

（2）详细程度。

（3）模型图形样式：单击可选择线框、隐藏线、着色、一致的颜色和真实五种显示模式。

（4）打开/关闭日光路径。

（5）打开/关闭阴影。

（6）显示/隐藏渲染对话框。

（7）打开/关闭裁剪区域。

（8）显示/隐藏裁剪区域。

（9）锁定/解锁三维视图。

（10）临时隐藏/隔离。

（11）显示隐藏的图元。

（12）临时视图属性：单击可选择启用临时视图属性、临时应用样板属性和回复视图属性。

（13）显示/隐藏分析模型。

（14）高亮显示位移集。

2.1.1.4　基本工具的应用

常规的编辑命令适用于软件的整个绘图过程，比如移动、复制、旋转、阵列、镜像、对齐、拆分、修剪、偏移等编辑命令，如图 2-15 所示。下面主要通过墙体和门窗的编辑来进行详细介绍。

A　墙体的编辑

选择“修改 | 墙”选项卡，“修改”面板下的编辑命令，如图 2-14 所示。

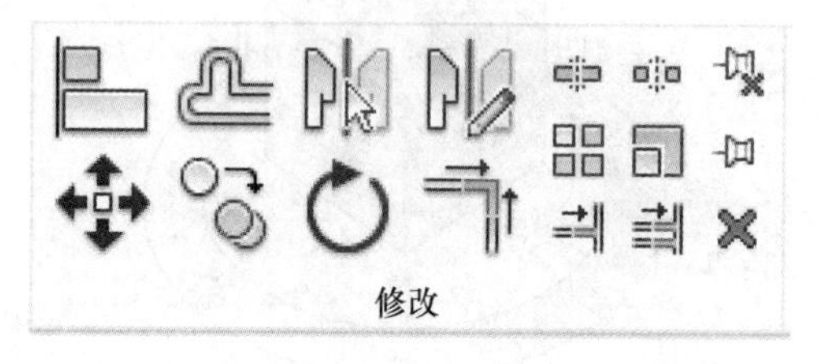

图 2-14　“修改”编辑命令

（1）复制：在选项栏  修改 | 墙 □约束 □分开 □多个 中，勾选“多个”复选框，可复制多个墙体到新的位置，复制的墙与相交的墙自动连接，勾选“约束”复选框，可复制垂直方向或水平方向的墙体。

（2）旋转：拖拽“中心点”可改变旋转的中心位置，用鼠标拾取旋转参照位置和目标位置，旋转墙体。也可以在选项栏设置旋转角度值后按回车键旋转墙体。

修改 | 墙　□分开　□复制　角度：　旋转中心：地点　默认

注意：勾选“复制”复选框会在旋转的同时复制一个墙体的副本。

（3）阵列：勾选“成组并关联”选项，输入项目数，然后选择“移动到”选项中的“第二个”或“最后一个”，再在视图中拾取参考点和目标位置，二者间距将作为第一个墙体和第二个或最后一个墙体的间距值，自动阵列墙体，如图 2-15 所示。

修改 | 墙　激活尺寸标注　☑成组并关联　项目数：2　移动到：◉第二个　○最后一个　□约束

图 2-15　墙阵列选项栏

（4）镜像：在“修改”面板中选择“拾取镜像轴”或“绘制镜像轴”。

（5）缩放：选择墙体，单击“缩放”工具，在选项栏  修改 | 墙 ◉图形方式 ○数值方式 比例：2 中选择缩放方式，选择“图形方式”单选按钮，单击整道墙体的起点、终点，以此来作为缩放的参照距离，再单击墙体新的起点、终点，确认缩放后的大小距离，选择“数值方式”单选按钮，直接输入缩放比例数值，按<Enter>键确认即可。

B　门窗的编辑

选择门窗，自动激活“修改｜门”或“修改｜窗”选项卡，在“修改”面板下编辑命令。

可在平面、立面、剖面、三维等视图中移动、复制、阵列、镜像、对齐门窗。

在平面视图中复制、阵列、镜像门窗时，如果没有同时选择其门窗标记的话，可以在后期随时添加，在“注释”选项卡的“标记”面板中选择“标记全部”命令，然后在弹出的对话框中选择要标记的对象，并进行相应设置。所选标记将自动完成标记，如图 2-16 所示。

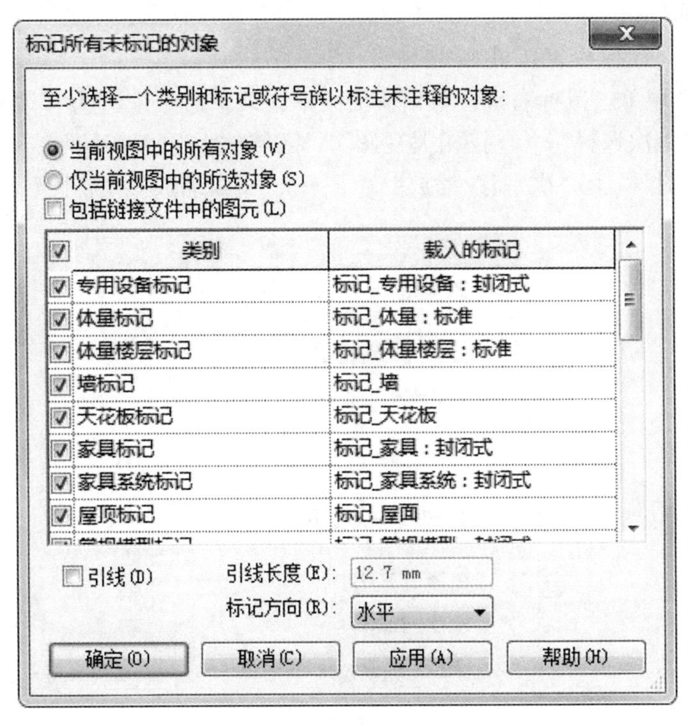

图 2-16　全部标记对话框

2.1.1.5　视图上下文选项卡中的基本命令

视图选项卡如图 2-17 所示，其中常用命令如下。

图 2-17　视图选项卡

(1) 细线：软件默认的打开模式是粗线模型，当需要在绘图中以细线模型显示

时，可选择“图形”面板中的“细线”命令。

（2）切换窗口：绘图时打开多个窗口，通过“窗口”面板上的“窗口切换”命令选择绘图所需窗口。

（3）关闭隐藏对象：自动隐藏当前没有在绘图区域上使用的窗口。

（4）复制视图：选择该命令复制当前窗口。

（5）层叠：选择该命令，当前打开的所有窗口层叠地出现在绘图区域。扫码查看窗口叠层显示界面。

（6）平铺：选择该命令，当前打开的所有窗口平铺在绘图区域。扫码查看窗口平铺显示界面。

2.1.1.6　鼠标右键工具栏

在绘图区域单击鼠标右键，弹出快捷菜单，菜单命令依次为“取消”“重复上一个命令”“上次选择”“查找相关视图”“区域放大”“缩小两倍”“缩放匹配”“平移活动视图”“上一次平移/缩放”“下一次平移/缩放”“属性”各选项，如图 2-18 所示。

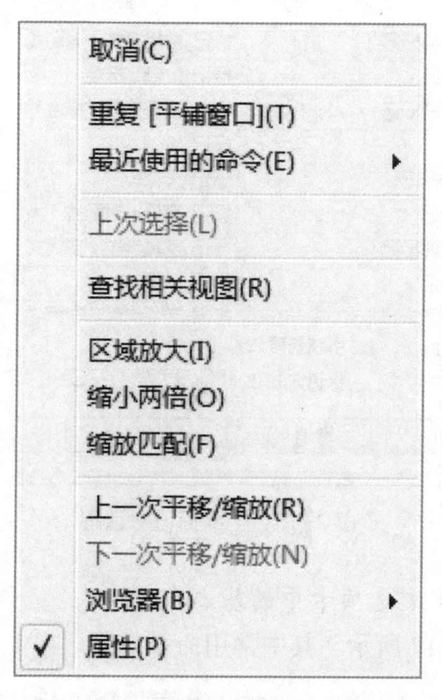

图 2-18　鼠标右键工具栏

2.1.2　Autodesk Revit MEP 视图表达

在 Revit MEP 中，每一个平面、立面、剖面、透视、轴测、明细表都是一个视图。它们的显示都由各自视图的视图属性控制，且不影响其他视图。这些显示包括可见性、线型、线宽、颜色等控制。作为一款参数化的三维 MEP 设计软件，在 Revit MEP 中，要想知道如何通过创建三维模型并进行相关项目设置，从而获得用户所需要的符合设计要求的相关平立剖面、大样、详图等图纸，用户就需要了解 Revit MEP 三维设计制图的基本原理。

2.1.2.1　平面图的生成

A　详细程度

由于在建筑设计的图纸表达要求中，不同比例图纸的视图表达的要求不同，所以需要对视图进行详细程度的设置。

（1）在楼层平面的“视图属性”中，“实例属性”对话框中的“详细程度”下拉列表中可选择“粗略”“中等”或“精细”的详细程度。

（2）通过预定义详细程度，可以影响不同视图比例下同一几何图形的显示，如图2-19所示。

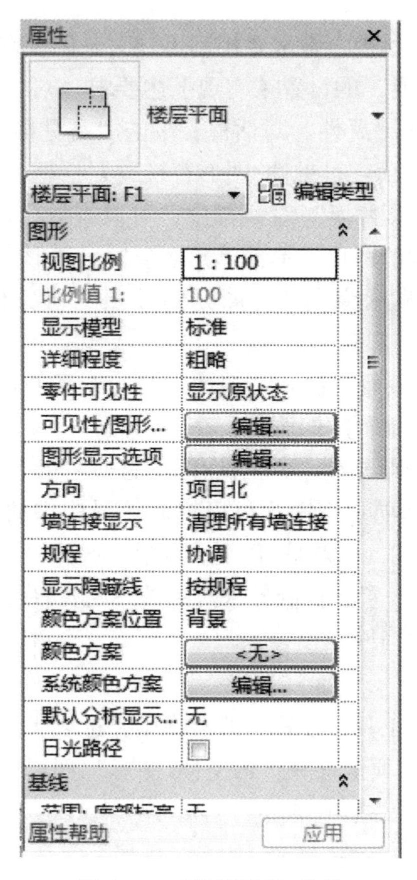

图 2-19　楼层平面属性栏

（3）墙、楼板和屋顶的复合结构以中等和精细详细程度显示，即详细程度为“粗略”时不显示结构层。

（4）族几何图形随详细程度的变化而变化，此项可在族中自行设置。

（5）各构件随详细程度的变化而变化。以粗略程度显示时，它会显示为线，以中等和精细程度显示时，它会显示更多几何图形。

除上述方法外，还可直接在视图平面处于激活的状态下，在视图控制栏中直接调整详细程度，此方法适用于所有类型的视图，如图 2-20 所示。

图 2-20　视图显示状态栏详细程度显示

B　可见性

在建筑设计的图纸表达中，常常要控制不同对象的视图显示与可见性，用户可以通过“可见性/图形替换”的设置来实现上述要求。

(1) 打开楼层平面的“属性”对话框，单击“可见性/图形替换”右侧的“编辑”按钮，打开“楼层平面：可见性/图形替换”对话框。

(2) 在“可见性/图形替换”对话框中，可以查看已应用于某个类别的替换。如果已经替换了某个类别的图形显示，单元格会显示图形预览。如果没有对任何类别进行替换，单元格会显示为空白，图元则按照“对象样式”对话框中指定的显示。

(3) 图元的“投影/表面”线和“截面”填充图案的替换，并能调整它是否半色调、是否透明，以及详细程度的调整，在“可见性”中的构件前打钩为可见，取消为隐藏不可见状态。扫码查看“可见性/图形替换”的设置界面图。

(4)“注释类别”选项卡中同样可以控制注释构件的可见性，可以调整“投影/表面”的线及填充样式，以及是否半色调显示构件。

(5)“导入的类别”设置，控制导入对象的“可见性”“投影/截面”的线、填充样式及是否半色调显示构件。

C　过滤器的创建

可以通过应用过滤器工具，设置过滤器规则，选取所需要的构件。

(1) 单击“视图”选项卡──→“可见性/图形”面板──→“过滤器”按钮。

(2) 在“过滤器”对话框中单击“编辑/新建（E）”按钮，或选择现有过滤器，单击编辑按钮进入“过滤器”的编辑界面。在此也可单击新建按钮，创建新过滤器，或者单击复制按钮。

(3) 在“类别”列表框中选择所要包含在过滤器中的一个或多个类别，比如“家用冷水”。

(4) 在“过滤器规则”选项组中设置过滤条件的参数，比如“系统分类”，如图 2-21 所示。

(5) 在其下的下拉列表中选择过滤器运算符，比如“包含”。为过滤器输入一个值“家用冷水”，即所有系统分类中包含有“家用冷水”的管件，单击“确定”按钮退出对话框。

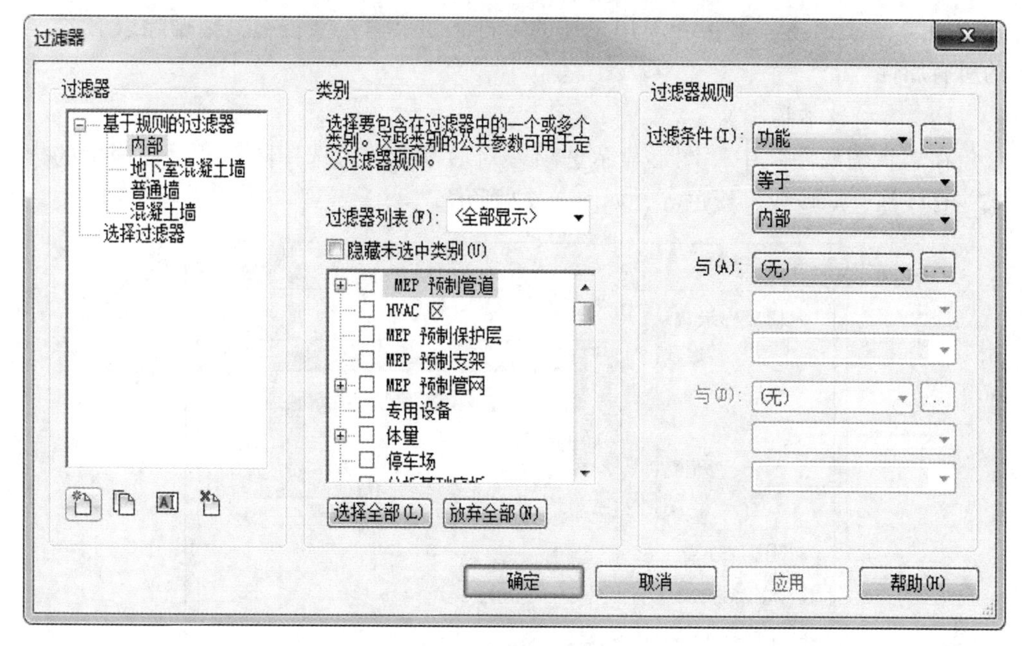

图 2-21　过滤器对话框

（6）在“可见性/图形替换”对话框中选择“过滤器”选项卡，单击“添加”按钮将已经设置好的过滤器进行添加。

D　过滤器运算符

（1）等于：字符必须完全匹配。

（2）不等于：排除所有与输入的值相匹配的内容。

（3）大于：查找大于输入值的值。如果输入 23，则返回大于 23（不含 23）的值。

（4）大于或等于：查找大于或等于输入值的值。如果输入 23，则返回 23 及大于 23 的值。

（5）小于：查找小于输入值的值。如果输入 23，则返回小于 23（不含 23）的值。

（6）小于或等于：查找小于或等于输入值的值。如果输入 23，则返回 23 及小于 23 的值。

（7）包含：选择字符串中的任何一个字符。如果输入字符 H，则返回包含字符 H 的所有属性。

（8）不包含：排除字符串中的任何一个字符。如果输入字符 H，则排除包含字母 H 的所有属性。

（9）开始部分是：选择字符串开头的字符。如果输入字符 H，则返回以 H 开头的所有属性。

（10）开始部分不是：排除字符串的首字符。如果输入字符 H，则排除以 H 开头的所有属性。

（11）末尾是：选择字符串末尾的字符。如果输入字符 H，则返回以 H 结尾的所有属性。

（12）结尾不是：排除字符串末尾的字符。如果输入字符 H，则排除以 H 结尾的所有属性。

E　图形显示选项

在“视图属性”中“图形显示选项”对话框中，可选择图形显示曲面中的样式，有线框、隐藏线、着色等，如图 2-22 所示。

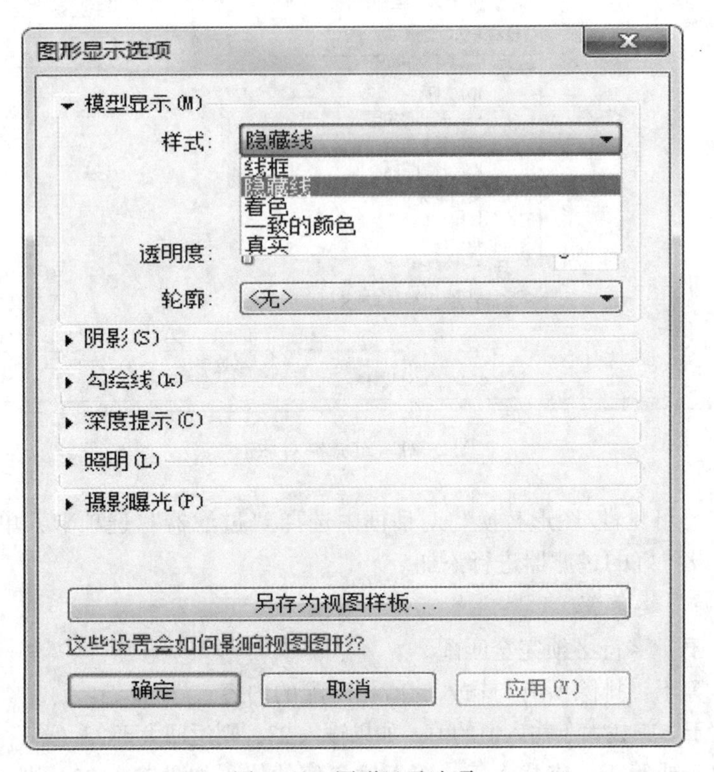

图 2-22　图形显示选项

除上述方法外，还可直接在视图平面处于激活的状态下，在视图控制栏中直接调整模型图形样式，此方法适用于所有类型视图，如图 2-23 所示。

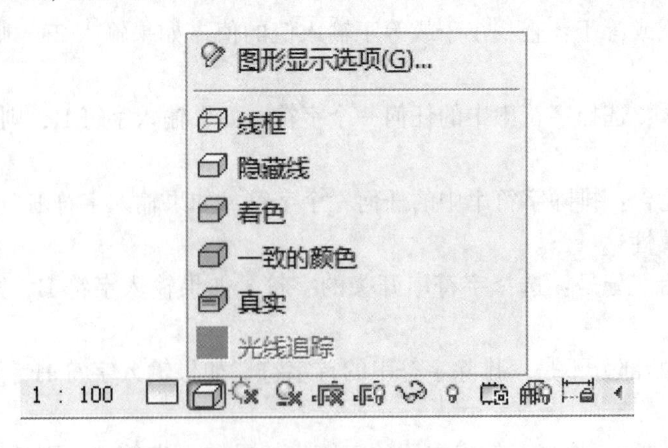

图 2-23　视图显示状态栏视觉样式显示

在“图形显示选项”的设置中，可以设置真实的建筑地点、虚拟的或者真实的日光位置，控制视图的阴影投射、实现建筑平立面轮廓加粗等功能。扫码查看图形显示选项界面图。

F 基线

在当前平面视图下显示另一个模型片段，该模型片段可通过设置基线范围的顶部标高及底部标高来显示。通过基线的设置可以看到建筑物内楼上或楼下各层的平面布置。设置视图的“基线”，需在当前楼层平面的“视图属性”对话框，“图形属性”栏中将“基线”设置为下一层平面视图，当前平面中将会显示下一层的构件，如图 2-24 所示。

图 2-24 楼层平面属性栏基线选项

G “范围”相关设置

在楼层平面的“实例属性”对话框中的“范围”选项组中可对裁剪做相应设置，如图 2-25 所示。

只有将裁剪视图打开在平面视图中，裁剪区域才会生效，如需调整，在视图控制栏同样可以控制裁剪区域的可见及裁剪视图的开启及关闭，如图 2-26 所示。

（1）裁剪视图：选择该复选框即裁剪框有效，剪切框范围内的模型构件可见，裁剪框外的模型构件不可见，取消选择该复选框则不论裁剪框是否可见均不裁剪任何构件。

（2）裁剪区域可见：选择该复选框即裁剪框可见，取消选择该复选框则裁剪框将被隐藏。

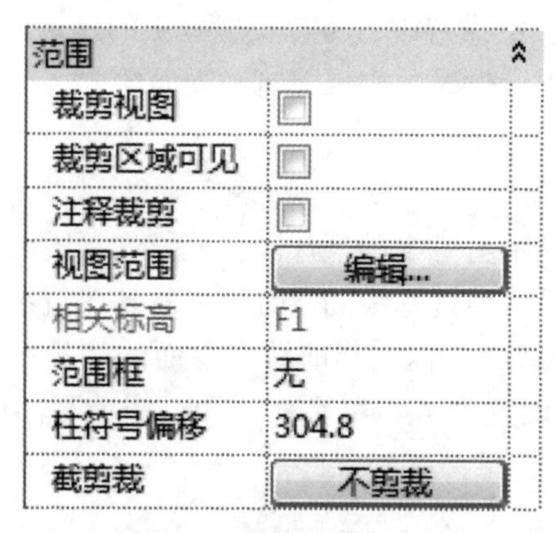

图 2-25　楼层平面剪裁设置

图 2-26　视图状态栏

H　“视图范围”设置

单击楼层平面的“视图属性”对话框的“视图范围”右侧的“编辑”按钮，在弹出的“视图范围”对话框中进行相应设置，如图 2-27 所示。

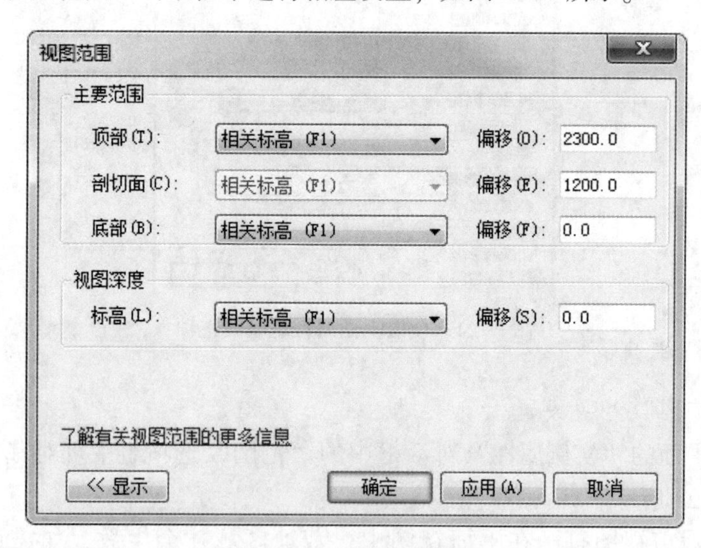

图 2-27　视图范围设置

视图范围是可以控制视图中对象的可见性和外观的一组水平平面。水平平面为“顶部平面”“剖切面”和“底部平面”。顶剪裁平面和底剪裁平面表示视图范围的顶部和底部的部分。剖切面是确定视图中某些图元可视剖切高度的平面，这三个平面可以定义视图范围的主要范围。

I　默认视图样板的设置

进入楼层平面的“属性”对话框，找到“视图样板”选项，如图 2-28 所示。

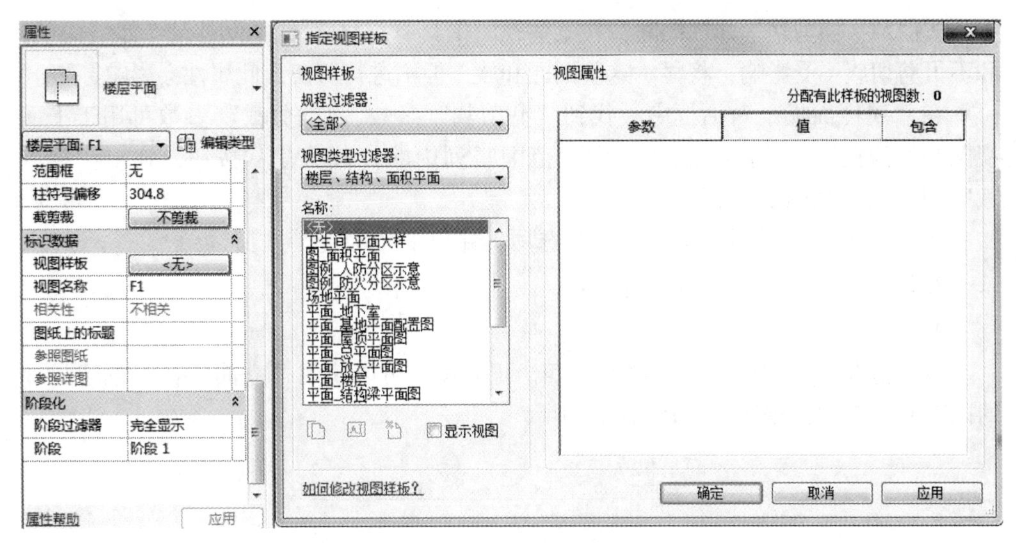

图 2-28 视图样板设置

在各视图的“属性”对话框中指定“视图样板”；也可以在视图打印或导出之前，在项目浏览器的图纸名称上单击鼠标右键（扫二维码查看），在弹出的快捷菜单中选择“应用样板属性”命令，对视图样板进行设置。

J “截剪裁”的设置

视图属性中的“截剪裁”用于控制跨多个标高的图元，在平面图中剖切范围下截面位置的设置如图 2-29 所示。

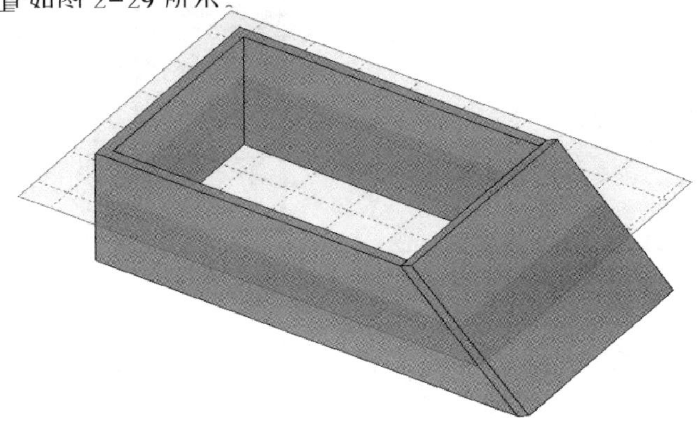

图 2-29 “截剪裁”的设置

平面视图的“视图属性”对话框中的“截剪裁”参数可以激活此功能。截剪裁中的“剪裁时无截面线”“剪裁时有截面线”设置的裁剪位置由“视图深度”参数定义，如果设置为“不剪裁”，那么平面视图将完整显示该构件剖切面以下的所有部分而与视图深度无关，该参数是视图的“视图范围”属性的一部分。

图 2-30 显示了该模型的剖切面和视图深度，以及使用“截剪裁”参数选项（“剪裁时无截面线”“剪裁时有截面线”和“不剪裁”）后生成的平面视图（立面视图为“远剪裁”，操作方法相同）。

平面区域服从其父视图的“截剪裁”参数设置，遵从自身的“视图范围”设

置，按剪裁平面剪切平面视图时，在某些视图中具有符号表示法的图元（如结构梁）和不可剪切族不受影响，将显示这些图元和族，但不进行剪切，此属性会影响打印。

在“属性面板”对话框中，找到“截剪裁”参数。“截剪裁”参数可用于平面视图和场地视图。单击“属性”中“范围”列中的“截剪裁”按钮，弹出“截剪裁”对话框，如图 2-31 所示。

在“截剪裁”对话框中选择一个选项，并单击“确定”按钮。

2.1.2.2　立面图的生成

A　立面的创建

默认情况下，有东、南、西、北四个正立面，可以使用“立面”命令创建另外的内部和外部立面视图，如图 2-32 所示。

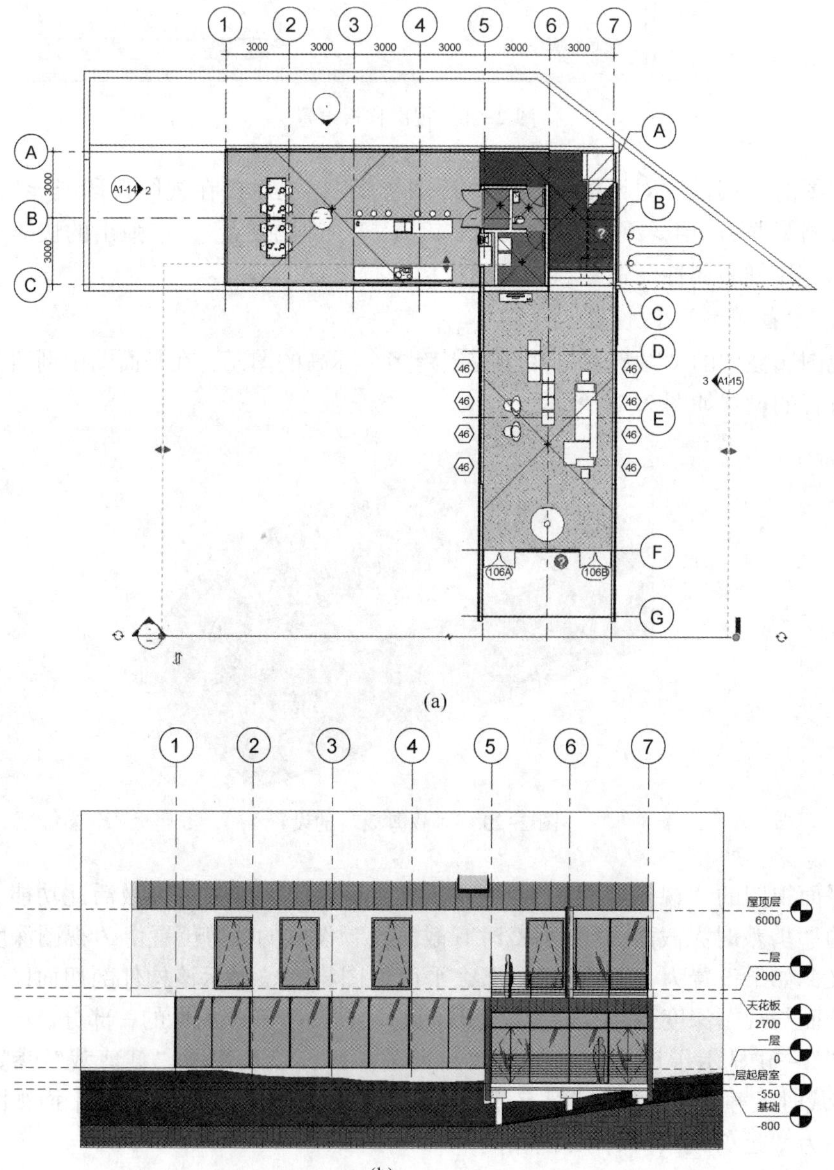

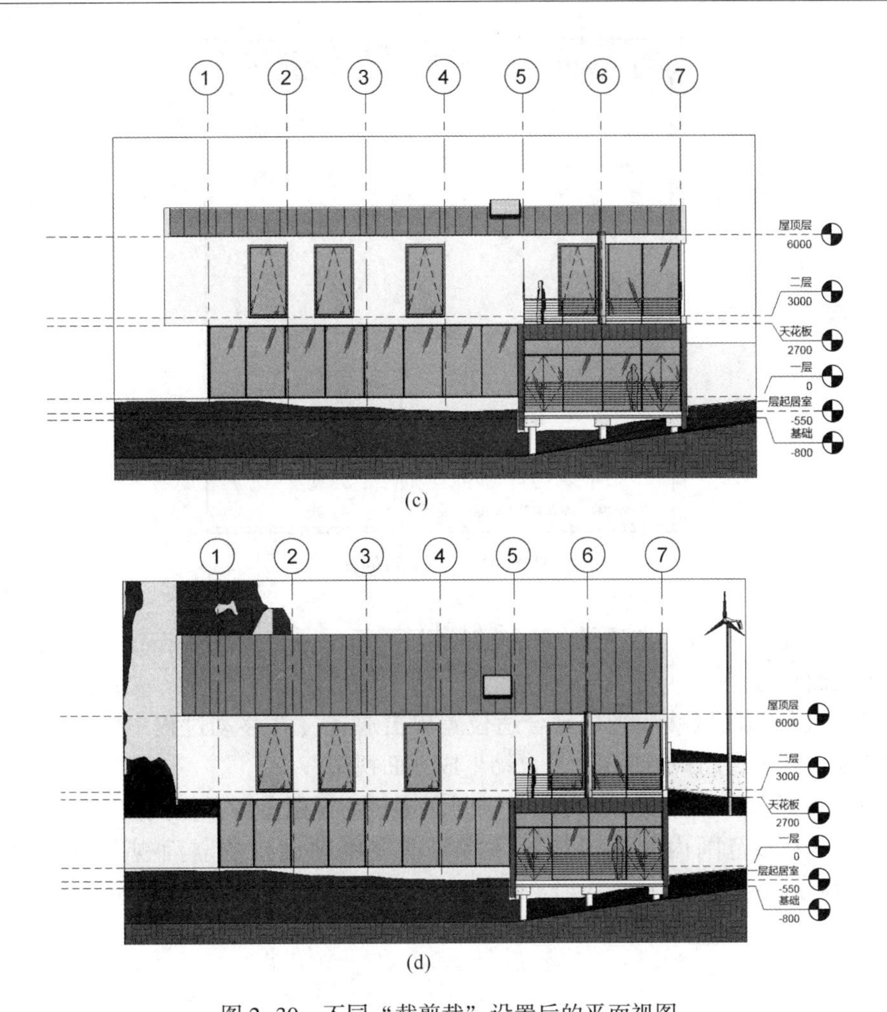

(c)

(d)

图 2-30 不同“截剪裁”设置后的平面视图

（a）剖切线位置；（b）剪裁时无截面线；（c）剪裁时有截面线；（d）不剪裁

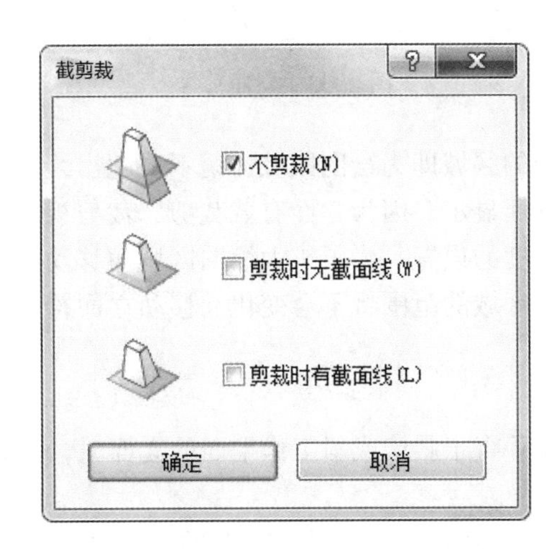

图 2-31 截剪裁对话框

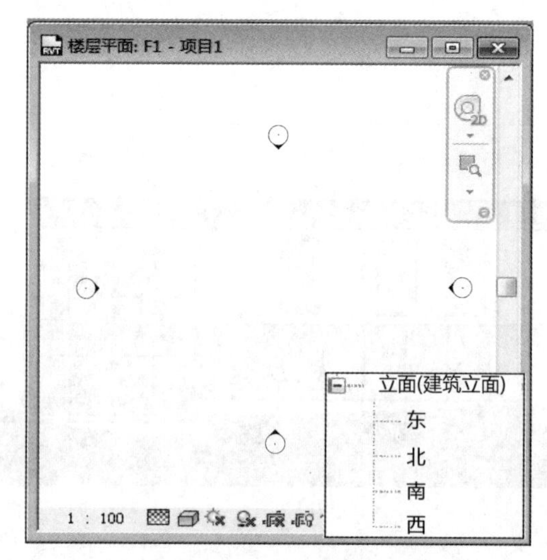

图 2-32　立面的创建

（1）单击“视图”选项卡⟶“创建”面板⟶“立面”按钮，在光标尾部会显示立面符号。

（2）在绘图区域移动光标到合适位置单击放置（在移动过程中立面符号箭头自动捕捉与其垂直的最近的墙），自动生成立面视图。

（3）鼠标单击选择立面符号，此时显示虚线为视图范围，拖拽控制柄调整视图范围，包含在该范围内的模型构件才有可能在刚刚创建的立面视图中显示，如图 2-33 所示。

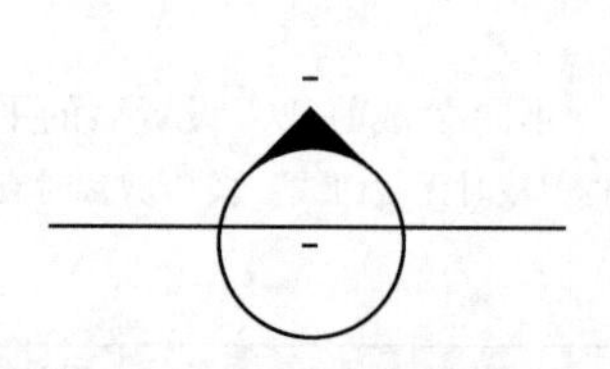

图 2-33　立面符号

四个立面符号围合的区域即为绘图区域，请不要超出绘图区域创建模型，否则立面显示将可能会是剖面显示。因为立面有截裁剪、裁剪视图等设置，这些都会影响立面的视图宽度和深度的设置。为了扩大绘图区域而移动立面符号时，应全部框选立面符号，否则绘图区域的范围将不会变化。移动立面符号后还需要调整绘图区域的大小及视图深度。

B　创建框架立面

当项目中需要创建垂直于斜墙或斜工作平面的立面时，可以创建一个框架立面来辅助设计。

（1）单击“视图”选项卡⟶“创建”面板⟶“立面”下拉列表⟶“框架立面”按钮。

（2）将框架立面符号垂直于选定的轴网线或参照平面；并沿着要显示的视图的方向单击放置，如图 2-34（a）所示。观察项目浏览器中可看出已添加了该立面，如图 2-34（b）所示，双击可进入该框架立面。

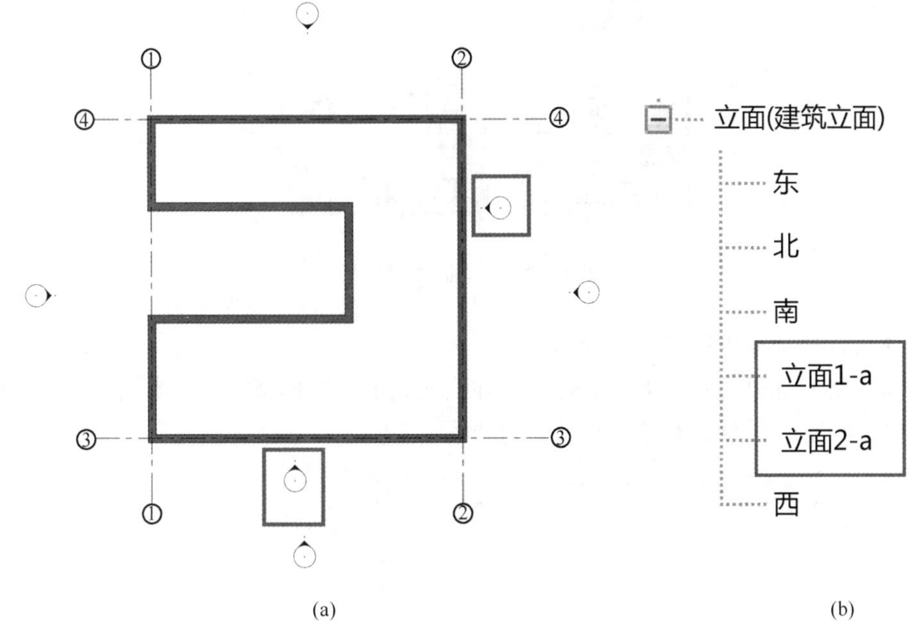

(a) (b)

图 2-34 框架立面符号和框架立面的显示

（a）创建立面图标；（b）立面视图

（3）对于需要将竖向支撑添加到模型中的情况，创建框架立面有助于为支撑创建并选择准确的工作平面。

C 平面区域的创建

平面区域用于当部分视图由于构件高度或深度不同而需要设置与整体视图不同的视图范围而定义的区域，可用于拆分标高平面，也可用于显示剖切面上方或下方的插入对象。

创建平面区域的步骤如下。

（1）单击“视图”选项卡——→“创建”面板——→“平面视图”下拉列表——→“平面区域”按钮，进行平面区域的创建。

（2）在“绘制”面板中选择绘制方式来创建平面区域，单击“图元”面板中的“平面区域属性”按钮，打开“属性”对话框，如图 2-35 所示。

单击“视图范围”右侧的“编辑”按钮，打开“视图范围”对话框，以调整绘制区域内的视图范围，使该范围内的构件在平面中正确显示。

2.1.2.3 剖面图的生成

A 创建剖面视图

（1）打开一个平面、剖面、立面或详图视图。

（2）单击“视图”选项卡——→“创建”面板——→“剖面”按钮。在“剖面”选项卡下的“类型选择器”中选择“详图”“建筑剖面”或“墙剖面”。

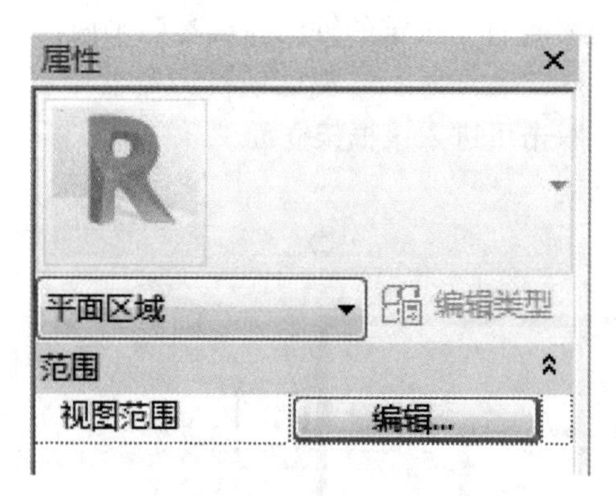

图 2-35 平面区域属性栏

(3) 在选项栏中选择一个视图比例。

(4) 将光标放置在剖面的起点处，并拖拽光标穿过模型或族，当到达剖面的终点时单击，完成剖面的创建，如图 2-36 所示。

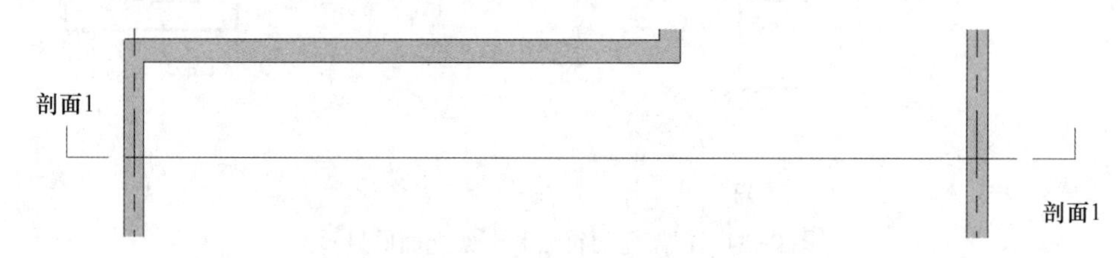

图 2-36 剖切线

(5) 选择已绘制的剖面线将显示裁剪区域，使用鼠标拖拽虚线上的视图宽度和视图深度控制柄调整视图范围，如图 2-37 所示。

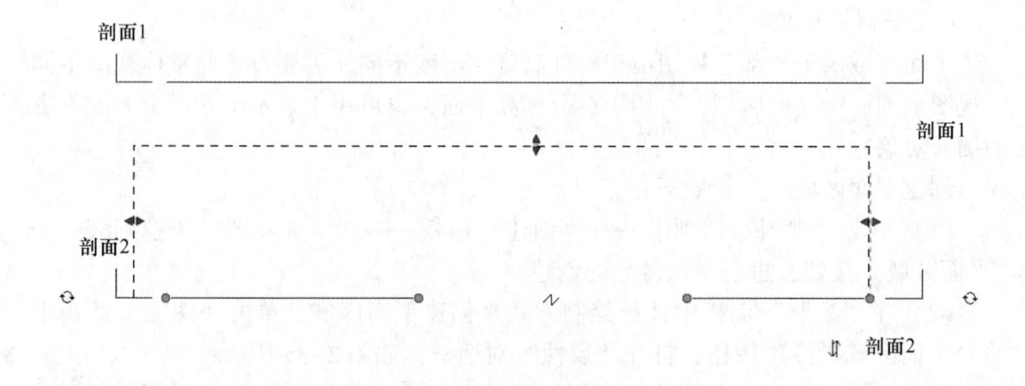

图 2-37 剖切线的样式

(6) 单击查看方向控制柄可翻转视图查看方向，如图 2-37 所示。

(7) 单击线段间隙符号，可在有隙缝的或连续的剖面线样式之间进行切换，如图 2-37 所示。

(8) 在项目浏览器中自动生成剖面视图，双击视图名称打开剖面视图。修改剖面线的位置、范围、查看方向时剖面视图自动更新。

B 创建阶梯剖面视图

按上述方法先绘制一条剖面线，选择它并单击“上下文”选项卡⟶“剖面”面板中的相应按钮，在剖面线要拆分的位置单击鼠标并拖动到新位置，再次单击鼠标放置剖面线线段。使用鼠标拖拽线段位置控制柄调整每条线段到合适位置，自动生成阶梯剖面图，如图 2-38 所示。

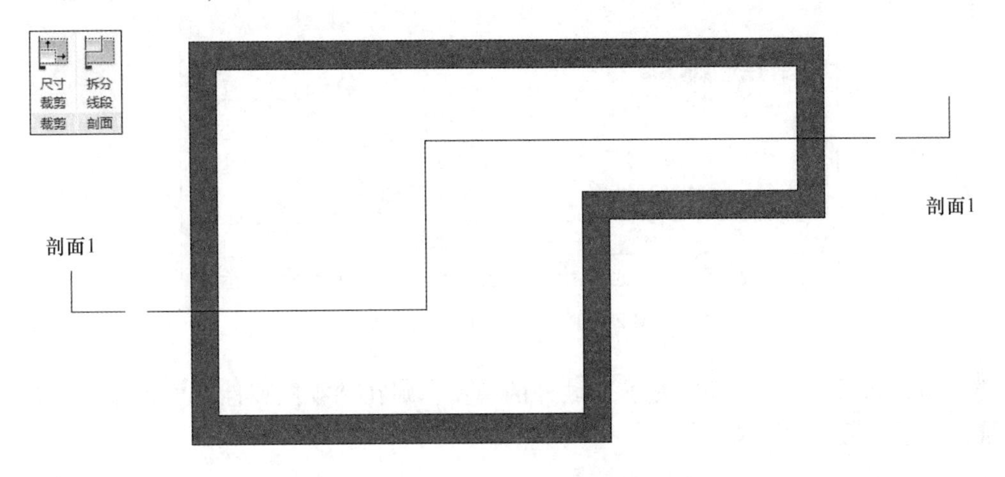

图 2-38 阶梯剖面视图

使用鼠标拖拽线段位置控制柄到与相邻的另一条平行线段对齐时，松开鼠标，两条线段合并成一条。

2.1.2.4 透视图的生成

A 创建透视图

(1) 打开一层平面视图，选择“视图”选项卡⟶“创建”面板⟶“三维视图”下拉列表⟶“相机”选项。

(2) 在选项栏中设置相机“偏移量”，单击鼠标拾取相机位置点，拖拽鼠标再次单击拾取相机目标点，自动生成并打开透视图。

(3) 选择视图裁剪区域方框，移动夹点调整视图大小到合适的范围，如图 2-39所示。

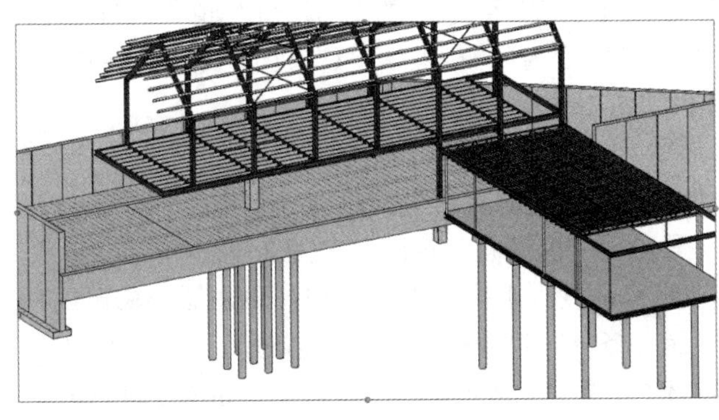

图 2-39 裁剪视图

（4）如果需精确调整视图的大小，请选择视图单击“修改相机”选项卡⟶“裁剪”面板⟶“尺寸裁剪”按钮，在弹出的对话框中精确调整视图尺寸，如图 2-40 所示。

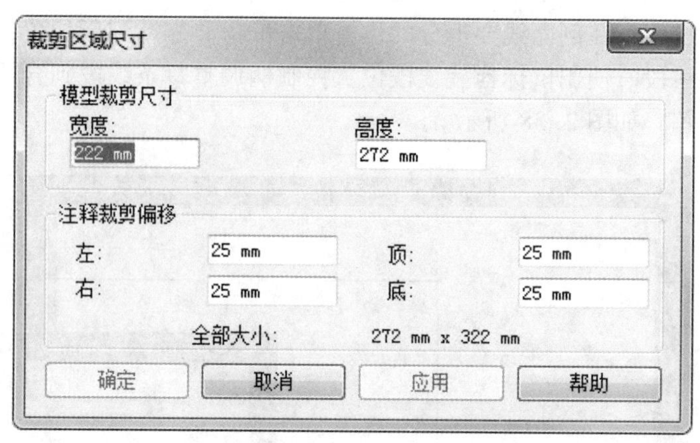

图 2-40　尺寸裁剪参数设置

（5）如果要显示相机远裁剪区域外的模型，则在“视图属性”对话框中取消选择“远裁剪激活”复选框。

B　修改相机位置、高度和目标

（1）同时打开一层平面、立面、三维、透视视图，单击“视图”选项卡⟶“窗口”面板⟶“平铺”按钮平铺所有视图。

（2）单击三维视图范围框，此时一层平面显示相机位置并处于激活状态，相机和相机的查看方向就会显示在所有视图中。

（3）在平面、立面、三维视图中拖拽相机、目标点、远裁剪控制点，调整相机的位置、高度和目标位置；也可单击“修改相机”选项卡⟶“图元”面板⟶“图元属性”按钮，打开“视图属性”对话框，修改“视点高度”“目标高度”参数值调整相机，同时也可修改此三维视图的视图名称、详细程度、模型图形样式等。

扫码看标高的绘制视频

2.1.2.5　标高

A　修改原有标高和绘制添加新标高

（1）进入任意立面视图，通常样板中会有预设标高，如需修改现有标高高度，单击标高符号上方或下方表示高度的数值，比如“室外标高”高度数值为“-0.450”，单击后该数字变为可输入，将原有数值修改为“-0.3”。标高单位通常设置单位为“m”，如图 2-41 所示。

（2）标高名称按 F1、F2、F3……自动排序。

（3）绘制添加新标高，同时在项目浏览器中自动添加一个“楼层平面”视图、“天花板平面”视图和“结构平面”视图，如图 2-42 所示。

（4）如需修改标高高度，则执行以下操作：单击需要修改的标高，比如 F3 在 F2 与 F3 之间会显示一条临时尺寸标注，单击临时尺寸标注上的数字，重新输入新的数值并按<Enter>键，即可完成标高高度的调整，如图 2-43 所示（标高高度距离的单位为 mm）。

图 2-41 标高

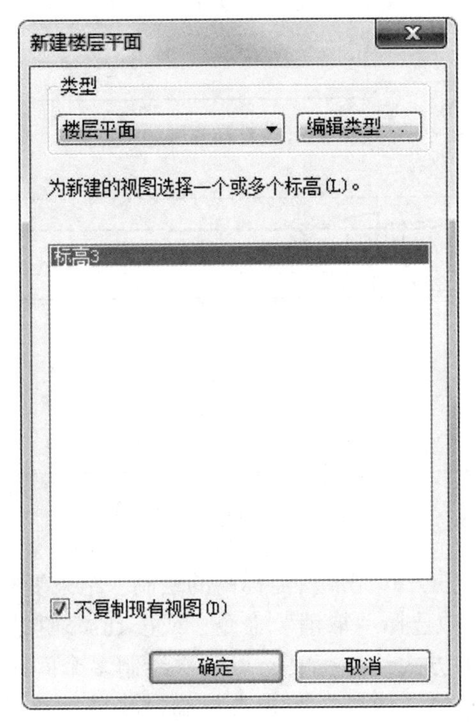

图 2-42 新建楼层平面、天花板平面、结构平面对话框

B 复制创建新标高

(1) 选择一层标高，选择“修改标高”选项卡，然后在“修改”面板中选择“复制”或“阵列”命令，可以快速生成所需标高。

选择标高 F3，单击功能区的“复制”按钮，在选项栏勾选“约束”及“多个”复选框。扫码查看功能区界面图。光标回到绘图区域，在标高 F3 上单击，并向上移动，此时可直接用键盘，输入新标高与被复制标高的间距，比如“3000”，单位为 mm，输入后按<Enter>键，即完成一个标高的复制。因为勾选了选项栏上的“多个”复选框，所以可继续输入下一个标高间距，而无须再次选择标高并激活“复制”工具，如图 2-44 所示。

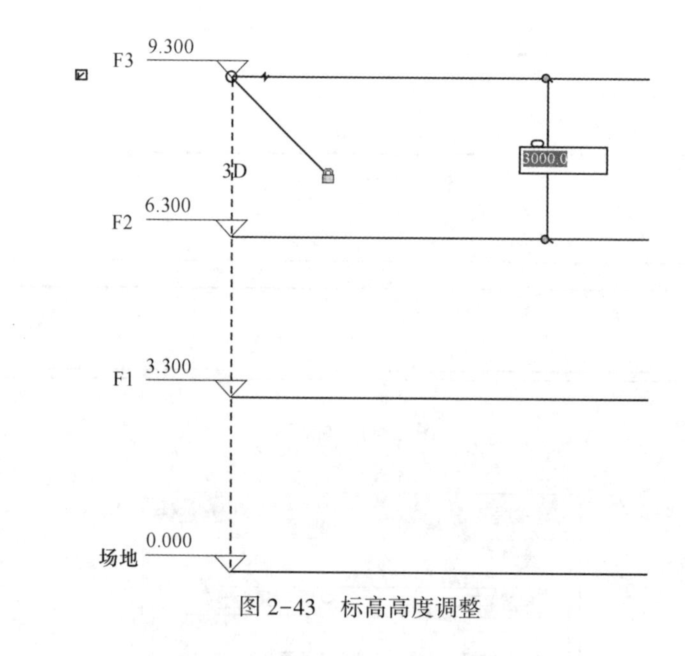

图 2-43　标高高度调整

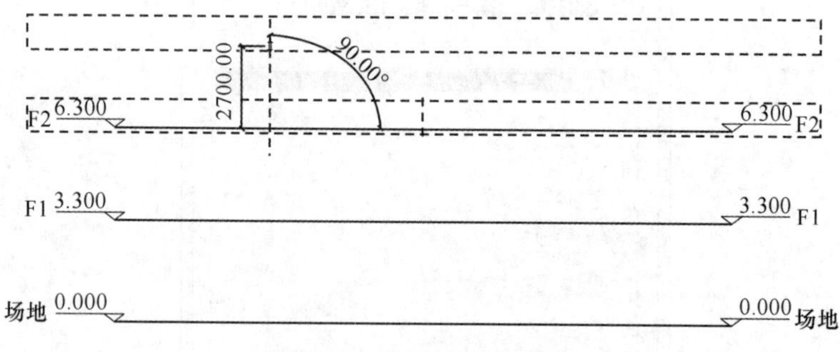

图 2-44　复制创建新标高

通过以上“复制”的方式完成所需标高的绘制，结束复制命令可以单击鼠标右键，在弹出的快捷菜单中选择“取消”命令，或按<Esc>键结束复制命令。

（2）用“阵列”的方式绘制标高，可一次绘制多个间距相等的标高，此种方法适用于多层或高层建筑。选择一个现有标高，将鼠标移动至“功能区”，选择“阵列”工具中的设置选项栏，取消勾选“成组并关联”复选框，输入“项目数”为“6”即生成包含被阵列对象在内的共 6 个标高，勾选“约束”复选框，以保证正交。扫码查看阵列创建新标高界面图。

设置完选项栏后，单击新阵列标高，向上移动，输入标高间距“3000”后按<Enter>键，将自动生成包含原有标高在内的 6 个标高。

（3）为复制或阵列标高添加楼层平面。

（4）观察“项目浏览器”中“楼层平面”下的视图，如图 2-45 所示。通过复制及阵列的方式创建的标高均未生成相应平面视图，同时观察立面图，有对应楼层平面的标高标头为蓝色（见图 2-45 中的下侧标头），没有对应楼层平面的标头为黑色（见图 2-45 中的上侧标头）。因此双击蓝色标头，视图将跳转至相应平面视图，而黑色标高不能引导跳转视图。

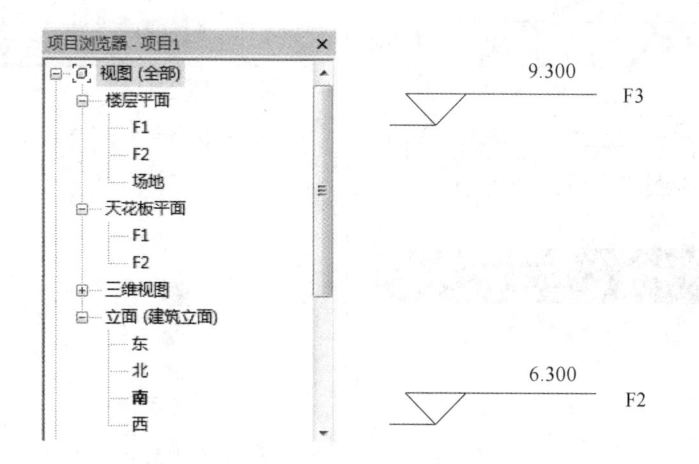

图 2-45 创建新标高后项目浏览器及立面图中标高处的显示

如图 2-46 所示，选择“视图”选项卡，然后在“平面视图”面板中选择“楼层平面”命令。

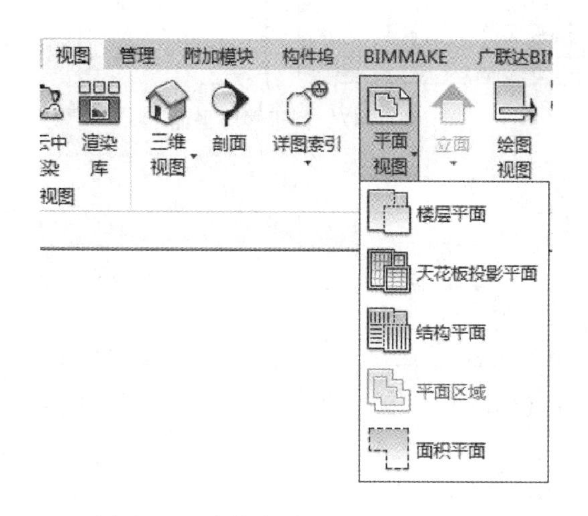

图 2-46 功能选项区平面视图选项卡

（5）在弹出的“新建楼层平面”对话框中单击第一个标高，再按住<Shift>键单击最后一个标高，以上操作将选中所有标高，单击“确定”按钮。再次观察“项目浏览器”，所有复制和阵列生成的标高都已创建了相应的平面视图，如图 2-47所示。

C 编辑标高

（1）选择任意一根标高线，会显示临时尺寸、一些控制符号和复选框，如图 2-48 所示。可以编辑其尺寸值、单击并拖拽控制符号，还可整体或单独调整标高标头位置、控制标头隐藏或显示、标头偏移等操作（如何操作 2D 和 3D 显示模式的不同作用详见轴网部分相关内容）。

（2）选择标高线，单击标头外侧方框，即可关闭/打开轴号显示。

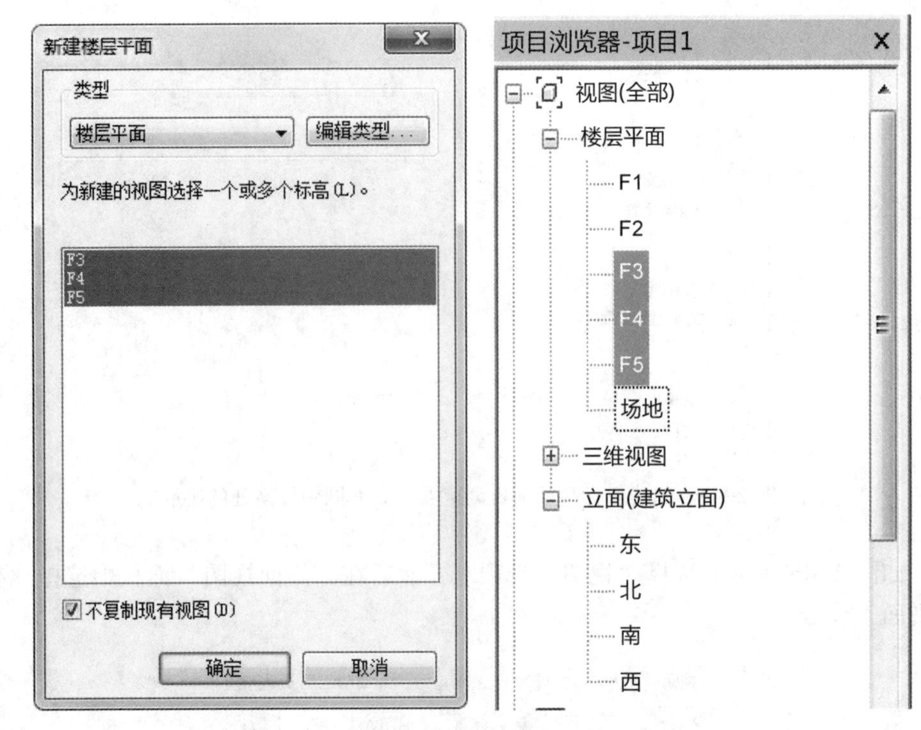

图 2-47　新建楼层平面

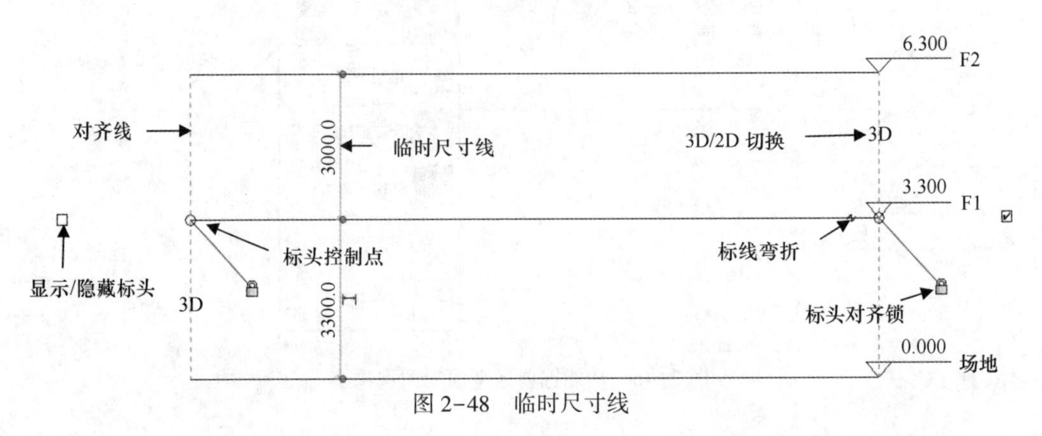

图 2-48　临时尺寸线

(3) 单击标头附近的折线符号，偏移标头，单击“拖拽点”，按住鼠标不放，调整标头位置。

扫码看轴网的绘制视频

2.1.2.6　轴网

A　绘制轴网

选择“建筑”选项卡，然后在“基准”面板中选择“轴网”命令，单击起点、终点位置，绘制一根轴线。绘制第一根纵轴的编号为 1，后续轴号将按 1、2、3 自动排序；绘制第一根横轴后单击轴网编号把它改为 A，后续编号将按 A、B、C 自动排序，如图 2-49 所示。软件不能自动排除 I、O 和 Z 字母作为轴网编号，需手动排除。

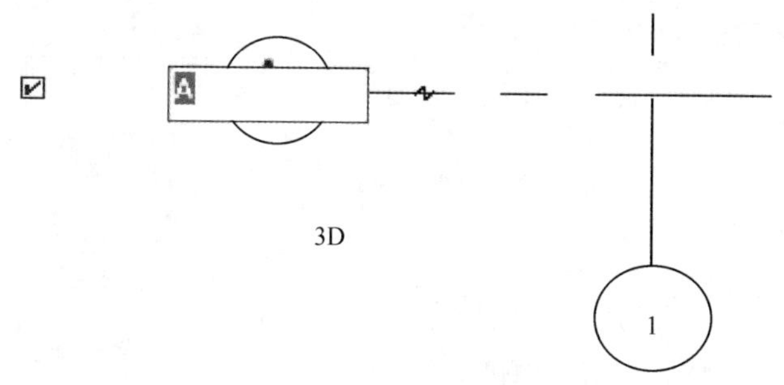

图 2-49 轴网编号

B 用拾取命令生成轴网

可调用 CAD 图纸作为底图进行拾取。需要注意的是，轴网只需在任意平面视图绘制，其他标高视图均可见。

C 复制、阵列、镜像轴网

（1）选择一根轴线，单击工具栏中的“复制”“阵列”或“镜像”按钮，可以快速生成所需的轴线，轴号自动排序。

注意：1-4 轴线镜像可以生成 5-8 轴线，但镜像后 8-5 轴线的顺序将发生颠倒，即轴线 8 将在最左侧，轴线 5 将在最右侧。因为在对多个轴线进行复制或镜像时，Revit 默认以复制原对象的绘制顺序进行排序，因此绘制轴网时不建议使用镜像的方式，如图 2-50 所示。

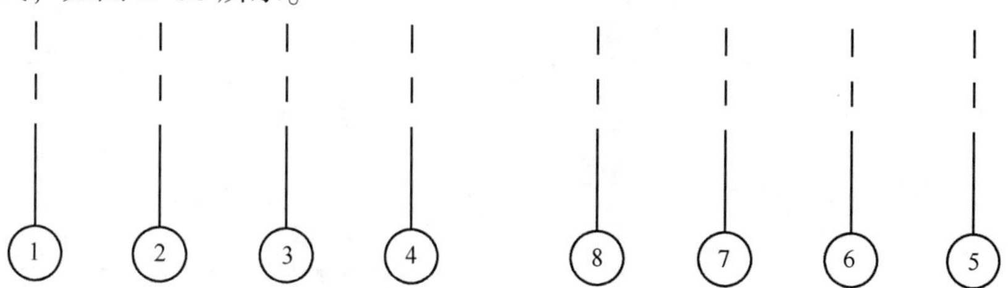

图 2-50 镜像轴网

（2）选择不同命令时选项栏中会出现不同选项，比如“复制”“多个”和“约束”等。

（3）阵列时注意取消勾选“成组并关联”复选框，因为轴网成组后修改将会相互关联，影响其他轴网的控制。

建议：轴网绘制完毕后，选择所有的轴线，自动激活“修改轴网”选项卡。在“修改”面板中选择“锁定”命令锁定轴网，以避免以后工作中错误操作移动轴网位置。

（4）尺寸驱动调整轴线位置。选择任何一根轴网线，会出现蓝色的临时尺寸标注，单击尺寸即可修改其值，调整轴线位置，如图 2-51 所示。

（5）轴网标头位置调整。选择任何一根轴网线，所有对齐轴线的端点位置会出现一条对齐虚线，用鼠标拖拽轴线端点，所有轴线端点，同步移动。如果只移动单根轴线的端点，则先打开对齐锁定，再拖拽轴线端点。如果轴线状态为“3D”，则

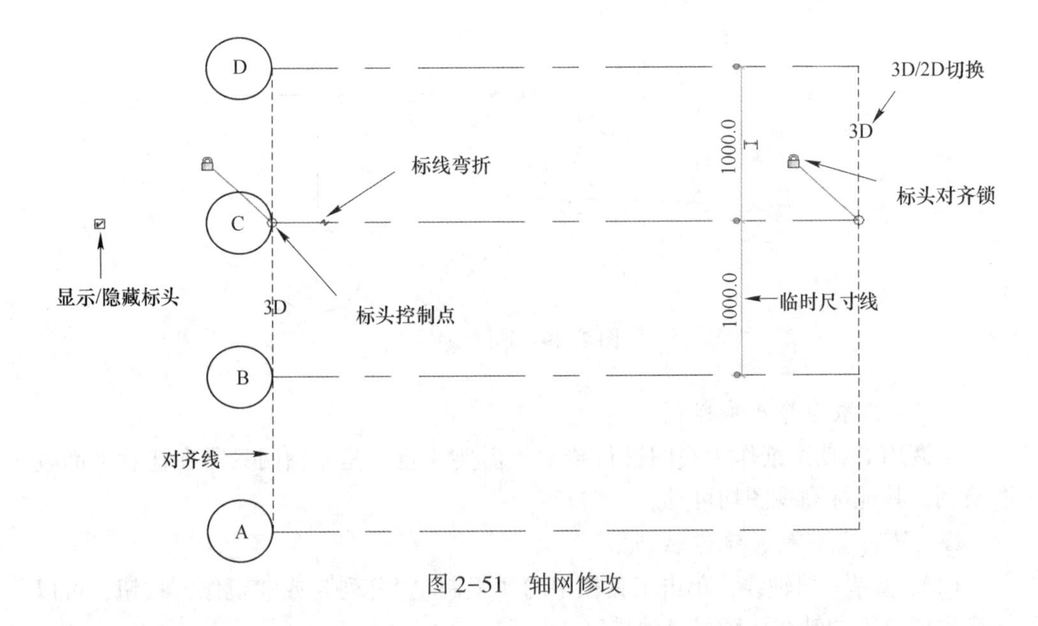

图 2-51　轴网修改

所有平行视图中的轴线端点同步联动，如图 2-52（a）所示。单击切换为“2D”，则只改变当前视图的轴线端点位置，如图 2-52（b）所示。

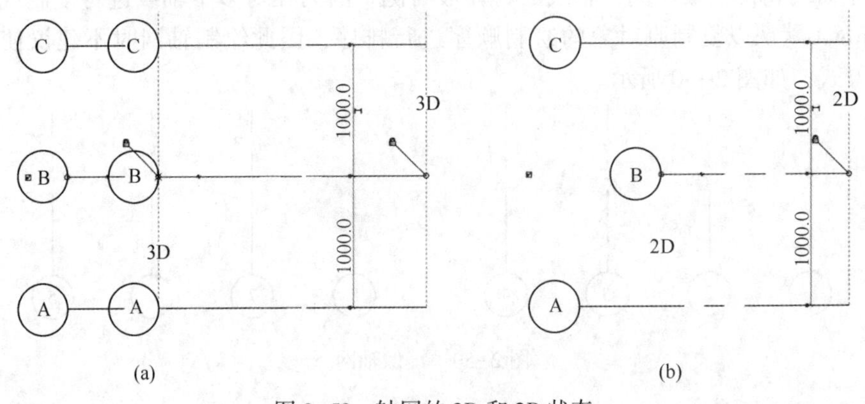

图 2-52　轴网的 3D 和 2D 状态
（a）3D；（b）2D

（6）轴号显示控制。选择任何一根轴网线，单击标头外侧方框，即可关闭/打开轴号显示。如需控制所有轴号的显示，可选择所有轴线，将自动激活“修改 | 轴网”选项卡。在“属性”面板中选择“类型属性”命令，弹出“类型属性”对话框，在其中修改类型属性，单击端点默认编号的“√”标记，如图 2-53 所示。

除可控制“平面视图轴号端点”的显示，在“非平面视图轴号（默认）”中还可以设置轴号的显示方式，控制除平面视图以外的其他视图，比如立面、剖面等视图的轴号，其显示状态为顶部显示、底部显示、两者显示或无显示，如图 2-54 所示。

在轴网的“类型属性”对话框中设置“轴线中段”的显示方式，分别有“连续”“无”“自定义”几项，如图 2-55 所示。

图 2-53　轴网属性面板

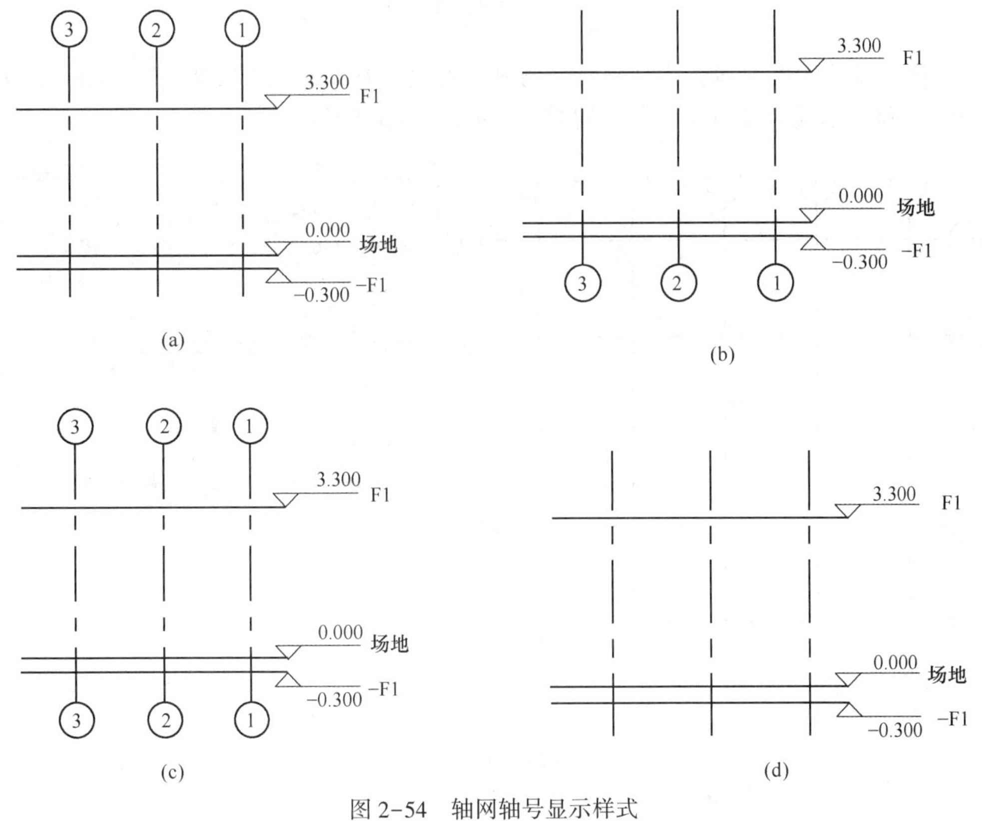

图 2-54　轴网轴号显示样式

(a) 顶部显示；(b) 底部显示；(c) 两者显示；(d) 无显示

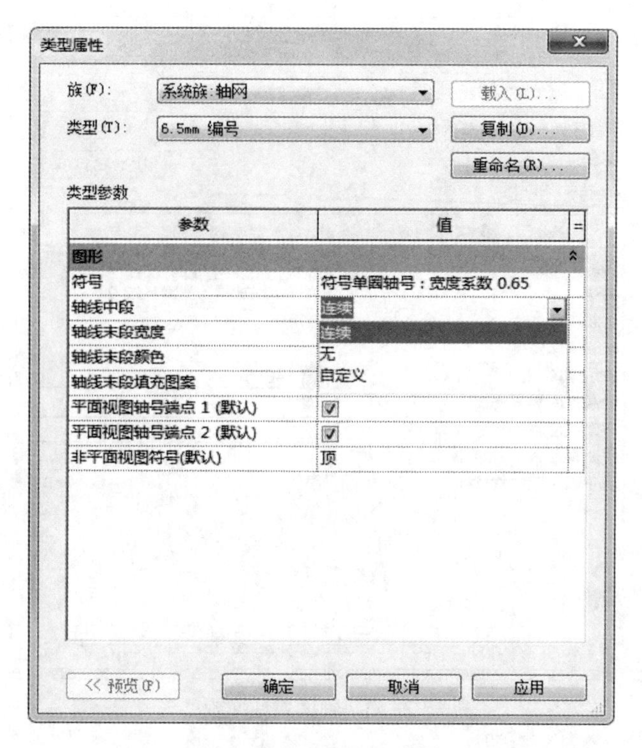

图 2-55　轴网中段设置

将“轴线中段”设置为“连续”方式，可设置其“轴线末段宽度”“轴线末段颜色”和“轴线末段填充图案”的样式，如图 2-56 所示。

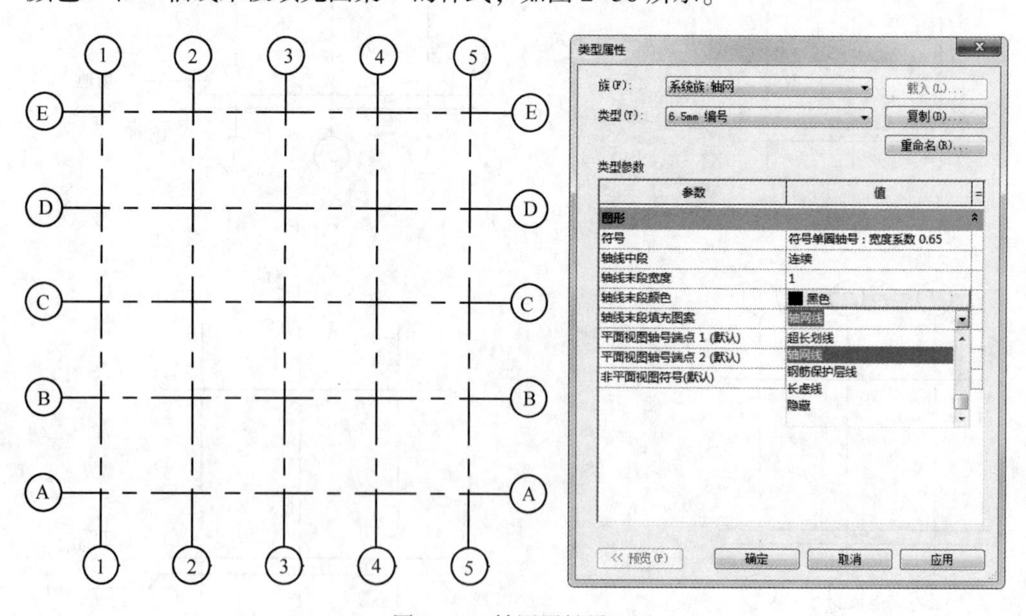

图 2-56　轴网属性设置

2.2 通风系统模型创建

2.2.1 设置风管参数

Revit MEP 具有强大的管路系统三维建模功能，可以直观地反映系统布局，实现所见即所得的效果。如果在设计初期，根据设计要求对风管、管道等进行设置，可以提高设计准确性和效率。本节将介绍 Revit MEP 的风管功能及其基本设置。

2.2.1.1 风管类型设置

单击功能区中的“系统”选项卡⟶“风管”按钮，通过绘图区域左侧的“属性”对话框选择和编辑风管类型，如图 2-57 所示。Revit 提供的“Mechanical-Default _CHSCHS. rte”和“Systems-Default _CHSCHS. rte”项目样板文件中都默认配置了矩形风管、圆形风管及椭圆形风管，默认的风管类型与风管连接方式有关。

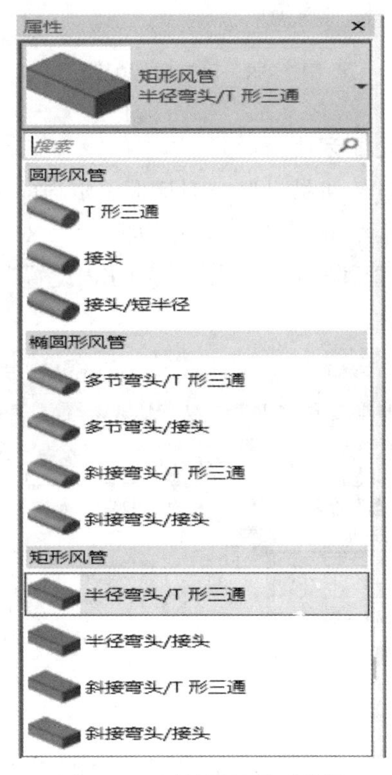

图 2-57 风管属性类型分类

单击“编辑类型”按钮，打开“类型属性”对话框，可对风管类型进行配置，如图2-58 所示。

单击“复制”按钮，可以在已有风管类型基础模板上添加新的风管类型。通过在“管件”列表中配置各类型风管管件族，可以指定绘制风管时自动添加到风管管路中的管件。

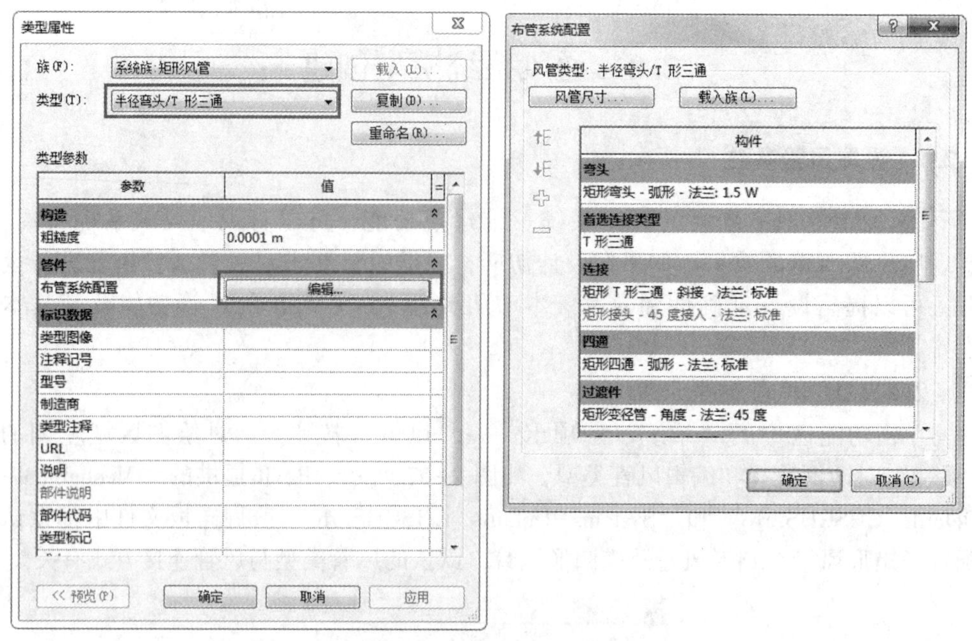

图 2-58　风管属性配置

2.2.1.2　风管尺寸设置方法

在 Revit MEP 中，通过“机械设置”对话框编辑当前项目文件中的风管尺寸信息。打开“机械设置”对话框的方式有以下几种。

（1）单击功能区中“管理”选项卡——→“MEP 设置”下拉列表——→“机械设置”按钮，如图 2-59 所示。

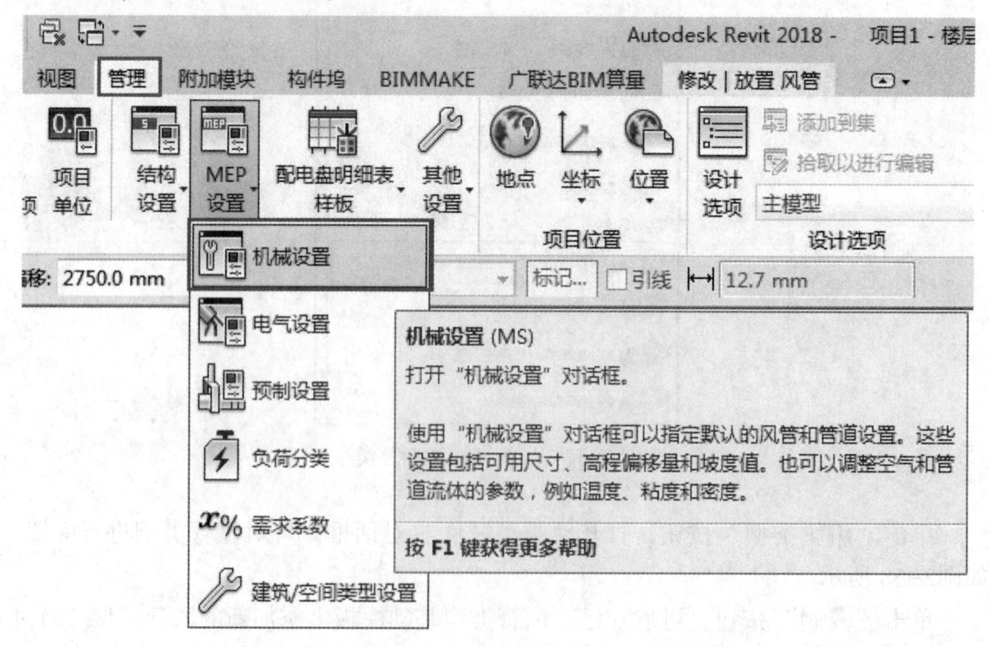

图 2-59　风管尺寸设置

（2）单击功能区中“系统”选项卡——→“机械”按钮，如图 2-60 所示（使用快捷键 MS）。

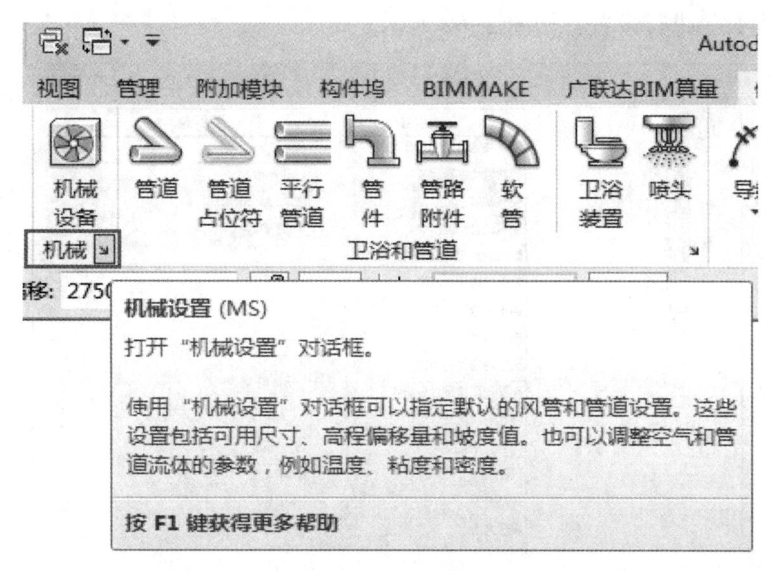

图 2-60　机械设置快捷键

打开“机械设置”对话框后，单击“矩形”——→“椭圆形”——→“圆形”按钮可以分别定义对应形状的风管尺寸。单击“新建尺寸”或者“删除尺寸”按钮可以添加或删除风管的尺寸，软件不允许重复添加列表中已有的风管尺寸。如果在绘图区域已经绘制了某尺寸的风管，该尺寸在“机械设置”尺寸列表中将不能删除，需要先删除项目中的风管，才能删除“机械设置”尺寸。列表中的尺寸如图 2-61 所示。

机械设置

隐藏线
风管设置
角度
转换
矩形
椭圆形
圆形
计算
管道设置
角度
转换
管段和尺寸
流体
坡度
计算

新建尺寸(N)...　删除尺寸(D)

尺寸	用于尺寸列表	用于调整大小
120.00	☑	☑
160.00	☑	☑
200.00	☑	☑
250.00	☑	☑
320.00	☑	☑
400.00	☑	☑
500.00	☑	☑
630.00	☑	☑
800.00	☑	☑
1000.00	☑	☑
1250.00	☑	☑
1600.00	☑	☑
2000.00	☑	☑
2500.00	☑	☑
3000.00	☑	☑
3500.00	☑	☑

确定　取消

图 2-61　风管尺寸设置

2.2.1.3 其他设置

在“机械设置”对话框的“风管设置”选项中，可以为风管尺寸标注及对风管内流体参数等进行设置，如图 2-62 所示。

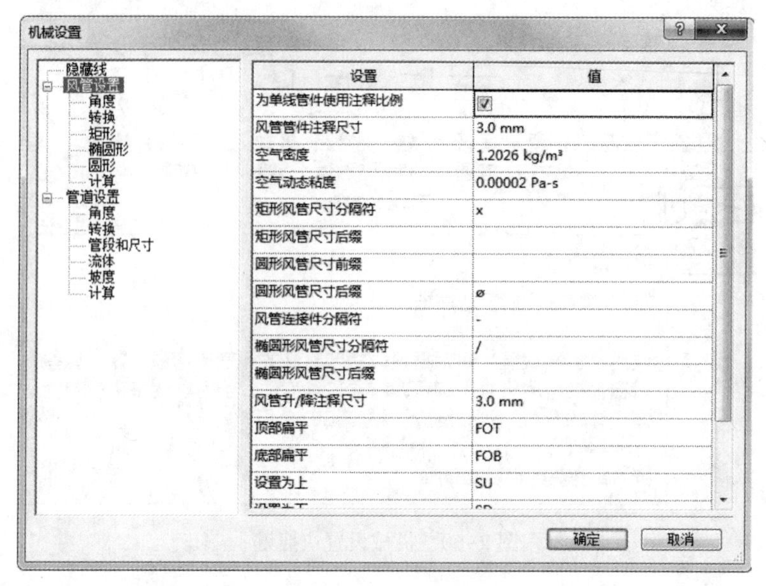

图 2-62 风管参数设置

其中几个较为常用的参数意义如下。

(1) 为单线管件使用注释比例。如果勾选该复选框，在屏幕视图中，风管管件和风管附件在粗略显示程度下，将会以“风管管件注释尺寸”参数所指定的尺寸显示。默认情况下，这个设置是勾选的。如果取消勾选后绘制的风管管件和风管附件族，将不再使用注释比例显示，但之前已经布置到项目中的风管管件和风管附件族不会更改，仍然使用注释比例显示。

(2) 风管管件注释尺寸。指定在单线视图中绘制的风管管件和风管附件的出图尺寸。无论图纸比例为多少，该尺寸始终保持不变。

(3) 矩形风管尺寸后缀。指定附加到根据“实例属性”参数显示的矩形风管尺寸后面的符号。

(4) 圆形风管尺寸后缀。指定附加到根据“实例属性”参数显示的圆形风管尺寸后面的符号。

(5) 风管连接件分隔符。指定在使用两个不同尺寸的连接件时用来分隔信息的符号。

(6) 椭圆形风管尺寸分隔符。显示椭圆形风管尺寸标注的分隔符号。

(7) 椭圆形风管尺寸后缀。指定附加到根据“实例属性”参数显示的椭圆形风管尺寸后面的符号。

2.2.2 风管绘制方法

本节以绘制矩形风管为例介绍绘制风管的方法。

2.2.2.1　基本操作

扫码看风管绘制方法视频

在平、立、剖视图和三维视图中均可绘制风管。风管绘制模式有以下方式。

(1) 单击功能区中的“系统”选项卡——→“风管”按钮，如图 2-63 所示。

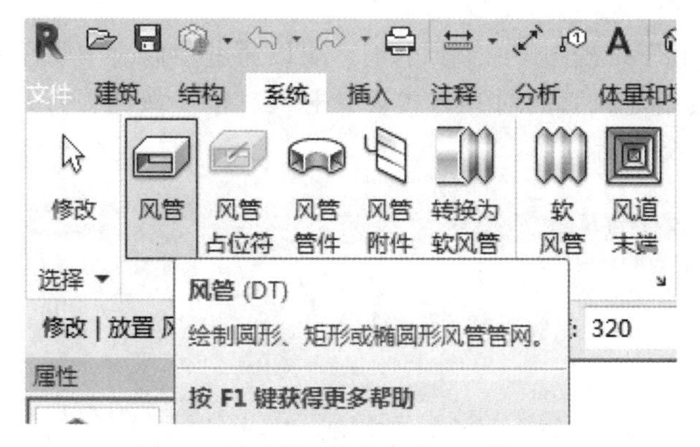

图 2-63　功能区系统选项卡风管按钮

(2) 使用快捷键 DT。进入风管绘制模式后，“修改 | 放置风管”选项卡和“修改 | 放置风管”选项栏被同时激活，如图 2-64 所示。

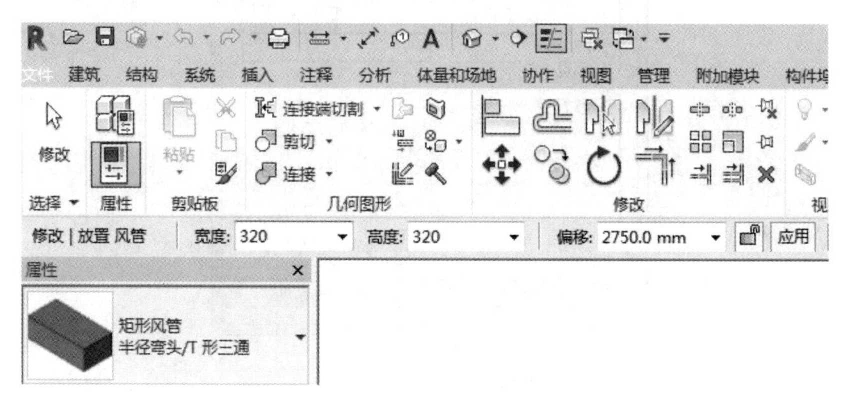

图 2-64　修改选项栏

按照以下步骤绘制风管。

(1) 选择风管类型。在风管“属性”对话框中选择需要绘制的风管类型。

(2) 选择风管尺寸。在风管“修改 | 放置风管”选项栏的“宽度”或“高度”下拉列表中选择风管尺寸。如果在下拉列表中没有需要的尺寸，可以直接在“宽度”和“高度”中输入需要绘制的尺寸。

(3) 指定风管偏移。默认“偏移量”是指风管中心线相对于当前平面标高的距离。在“偏移量”下拉列表中可以选择项目中已经用到的风管偏移量，也可以直接输入自定义的偏移数值，默认单位为 mm。

(4) 指定风管起点和终点。将鼠标指针移至绘图区域，单击鼠标指定风管起点，移动至终点位置再次单击，完成一段风管的绘制。可以继续移动鼠标绘制下一管段，风管将根据管路布局自动添加在“类型属性”对话框中预先设置好的风管管

件。绘制完成后，按<Esc>键，或者单击鼠标右键，在弹出的快捷菜单中选择“取消”命令，退出风管绘制命令。

2.2.2.2　风管对正

A　绘制风管

在平面视图和三维视图中绘制风管时，可以通过“修改｜放置风管”选项卡中的“对正”工具指定风管的对齐方式。单击“对正”按钮，打开“对正编辑器”对话框，如图 2-65 所示。

图 2-65　风管对正设置

“对正设置”对话框中各参数含义如下。

(1)“水平对正”。当前视图下，“水平对正”以风管的“中心”“左”或“右”侧边缘作为参照，将相邻两段风管边缘进行水平对齐。“水平对正”的效果与风管方向有关，自左向右绘制风管时，选择不同“水平对正”方式效果，如图2-66 所示。

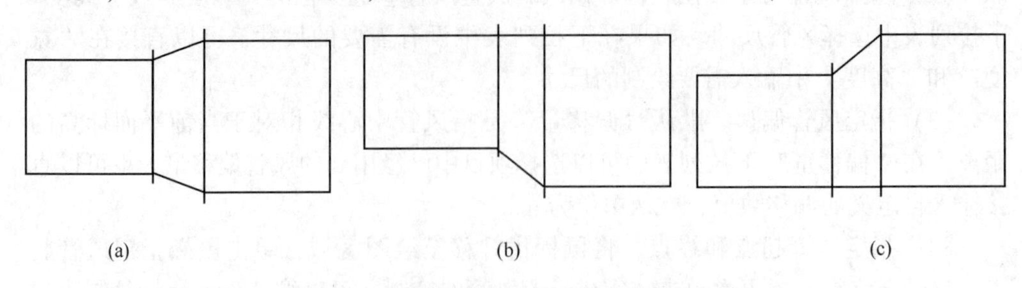

图 2-66　风管不同水平对正方式的图形显示

(a) 中心对正；(b) 左对正；(c) 右对正

（2）“水平偏移”。“水平偏移”用于指定风管绘制起始点位置与实际风管和墙体等参考图元之间的水平偏移距离。“水平偏移”的距离和“水平对齐”设置与风管方向有关。设置“水平偏移”值为100mm，自左向右绘制风管，不同“水平对正”方式下风管绘制效果如图2-67所示。

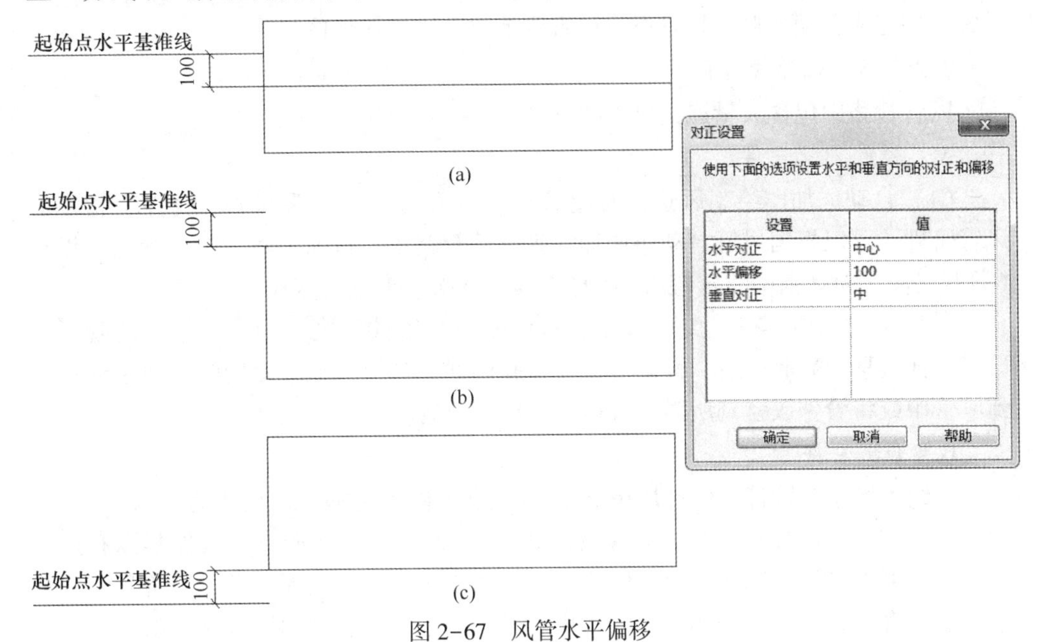

图2-67 风管水平偏移

（a）中心对正；（b）左对正；（c）右对正

（3）“垂直对正”。当前视图下，“垂直对正”以风管的“中”“底”或“顶”作为参照物，将相邻两段风管边缘进行垂直对齐。“垂直对齐”的设置决定风管“偏移量”指定距离。不同“垂直对齐”方式下，偏移量为2750mm，绘制的风管效果如图2-68所示。

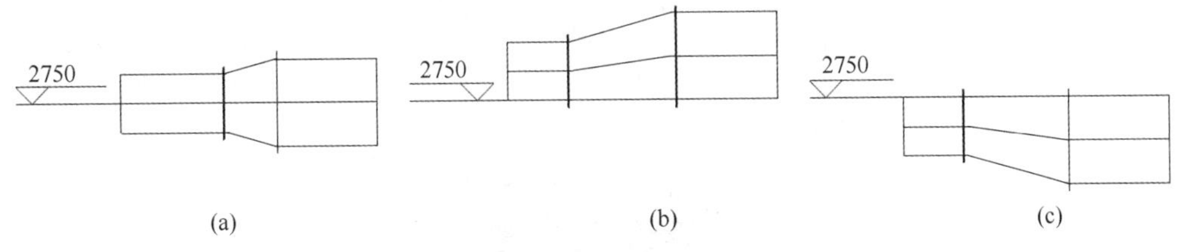

(a) (b) (c)

图2-68 风管不同垂直对正方式图形显示

（a）中对正；（b）底对正；（c）顶对正

B 编辑风管

风管绘制完成后，在任意视图中可以使用“对正”命令修改风管的对齐方式。选中需要修改的管段，单击功能区中的“对正”按钮。扫码查看风管对正设置界面。进入“对正编辑器”界面，选择需要的对齐方式和对齐方向，单击“完成”按钮。

2.2.2.3 风管自动连接

激活“风管”命令，“修改｜放置风管”选项卡中的“自动连接”用于某一段

风管管路开始或者结束时自动捕捉相交风管，并添加风管管件完成连接。默认情况下，这一选项是激活的，比如绘制两段不在同一高程的正交风管，将自动添加风管管件完成连接。扫码查看风管自动连接界面图。

如果取消激活“自动连接”命令，绘制两段不在同一高程的正交风管，则不会生成配件完成自动连接。扫码查看风管取消自动连接界面图。

2.2.2.4　风管管件使用

风管管路中包含大量连接风管的管件。

A　放置风管管件

(1) 自动添加。绘制风管，通过风管“类型属性”对话框中“管件”指定的风管管件，可以根据风管自动布局加载到风管管路中。目前一些类型的管件可以在“类型属性”对话框中指定弯头、T 形三通、接头、四通、变径等。

(2) 手动添加。在“类型属性”对话框中“管件”列表中无法指定的管件类型，比如偏移、Y 形三通、斜 T 形三通、斜四通、裤衩三通，使用时需要手动插入到风管中或将管件放置到所需位置后手动绘制风管。

B　编辑管件

在绘图区单击管件，管件周围会显示一组管件控制柄，可用于修改管件尺寸、调整管件方向和进行管件升级或降级，如图 2-69 所示。在所有连接件都没有连接风管时，可单击尺寸标注改变管件尺寸，如图 2-69 (a) 所示。单击⇆符号，管件水平或垂直翻转 180°。单击↻符号可以旋转管件。如果管件的所有连接都连接到风管，可能出现“+”，表示该管件可以升级，如图 2-69 (b) 所示，弯头可以升级为 T 形三通，T 形三通升级四通。如果管件有一个未使用连接风管的连接件，在该连接件的旁边可能出现“-”，表示管件可以降级，如图 2-69 (c) 所示。

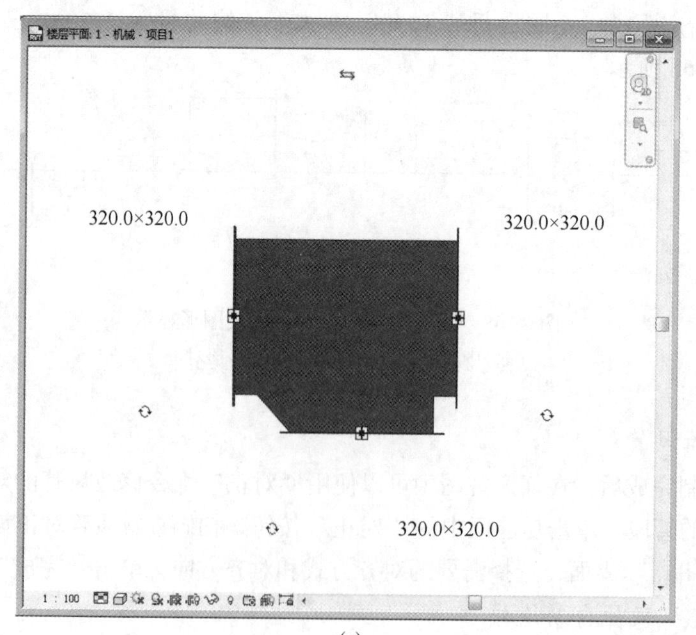

(a)

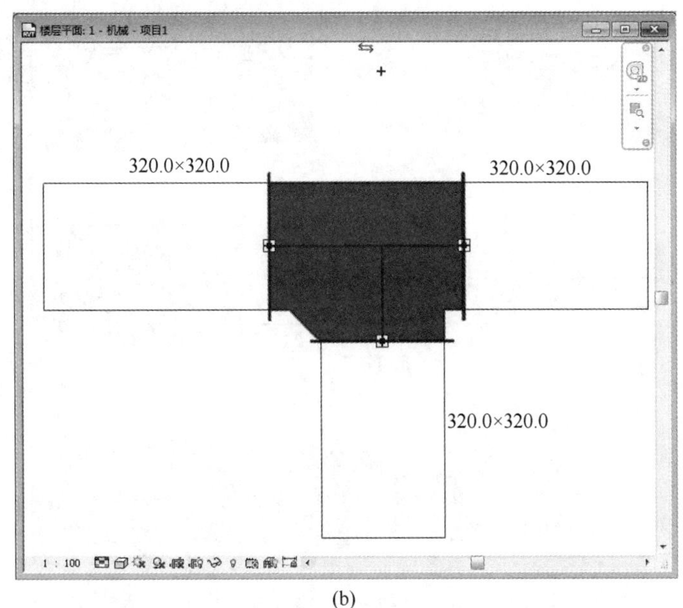

(b)

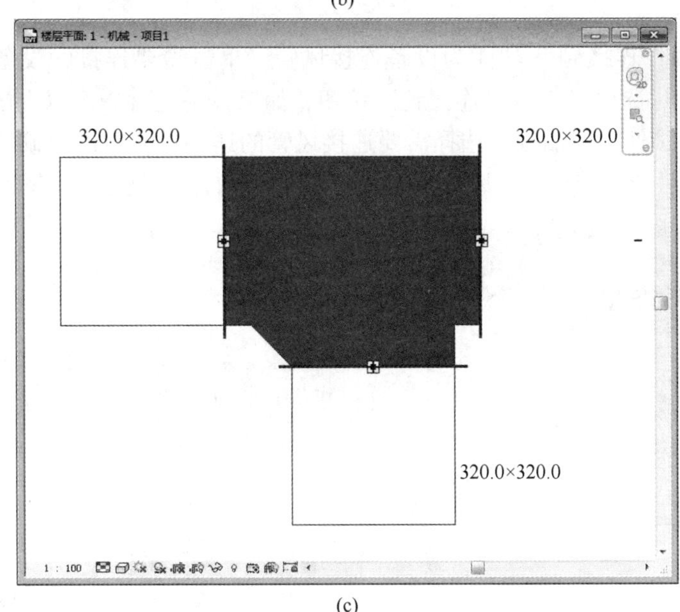

(c)

图 2-69 编辑风管管件

C 风管附件放置

单击“系统”选项卡——→“风管附件”按钮，在“属性”对话框中选择需要插入的风管附件到风管中。扫码查看风管附件放置界面图。

2.2.2.5 风管连接设备

设备可以连接风管，连接风管有三种方法。

(1) 单击所选设备，用鼠标右键单击设备的风管连接件，在弹出的快捷键菜单中选择“绘制风管”命令。扫码查看设备连接界面图。

(2) 直接拖动已绘制的风管到相应设备的风管连接件，风管将自动捕捉设备上的风管连接件来完成连接，如图 2-70 所示。

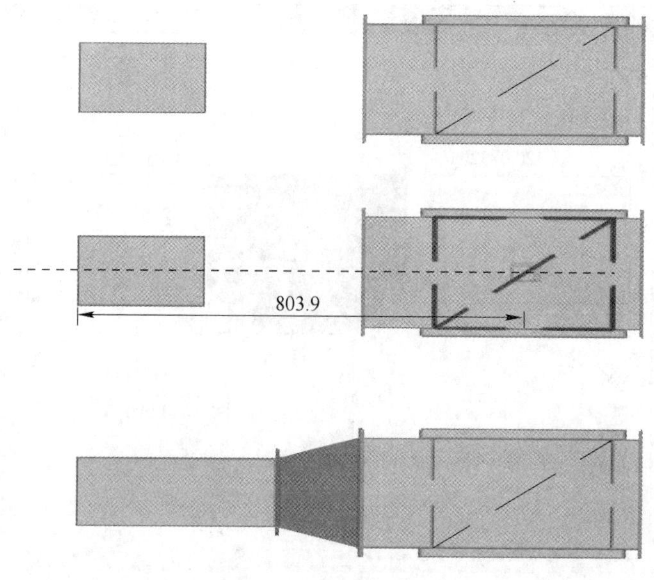

图 2-70　连接设备

（3）使用“连接到”功能为设备连接风管。单击需要连接的设备，单击“修改｜机械设备”选项卡⟶“连接到”按钮，如果设备包含一个以上的连接件，将打开“选择连接件”对话框，选择需要连接风管的连接件，单击“确定”按钮，然后单击该连接件所有连接到的风管，完成设备与风管的自动连接，如图2-71所示。

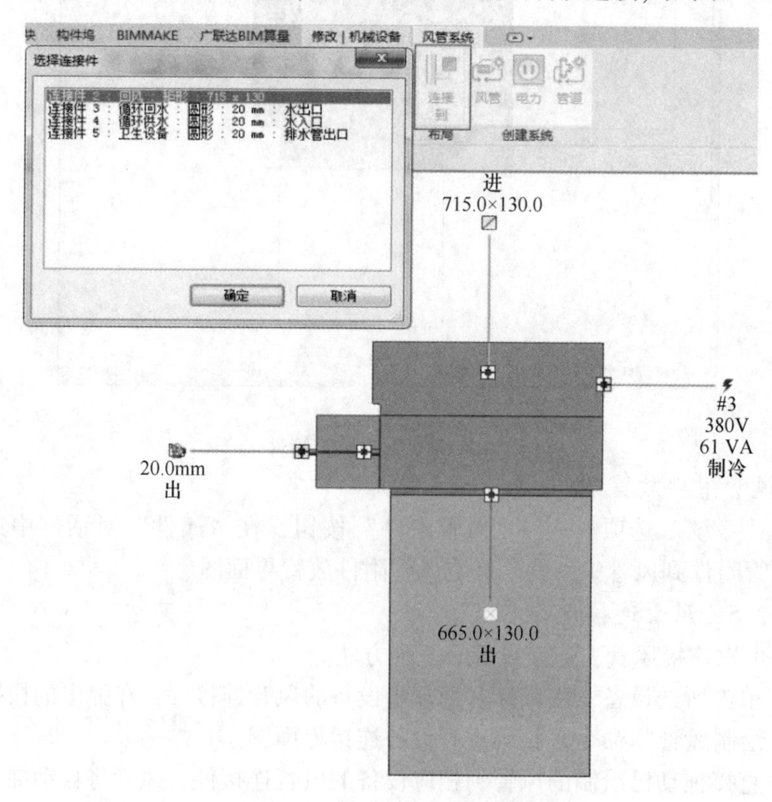

图 2-71　“连接到”功能连接设备

2.2.2.6 风管隔热层

分别编辑风管和风管管件的属性，输入所需要的隔热层和衬层厚度，如图 2-72 所示。当视觉样式设置为“线框”时，可以清晰地看到隔热层和衬层。

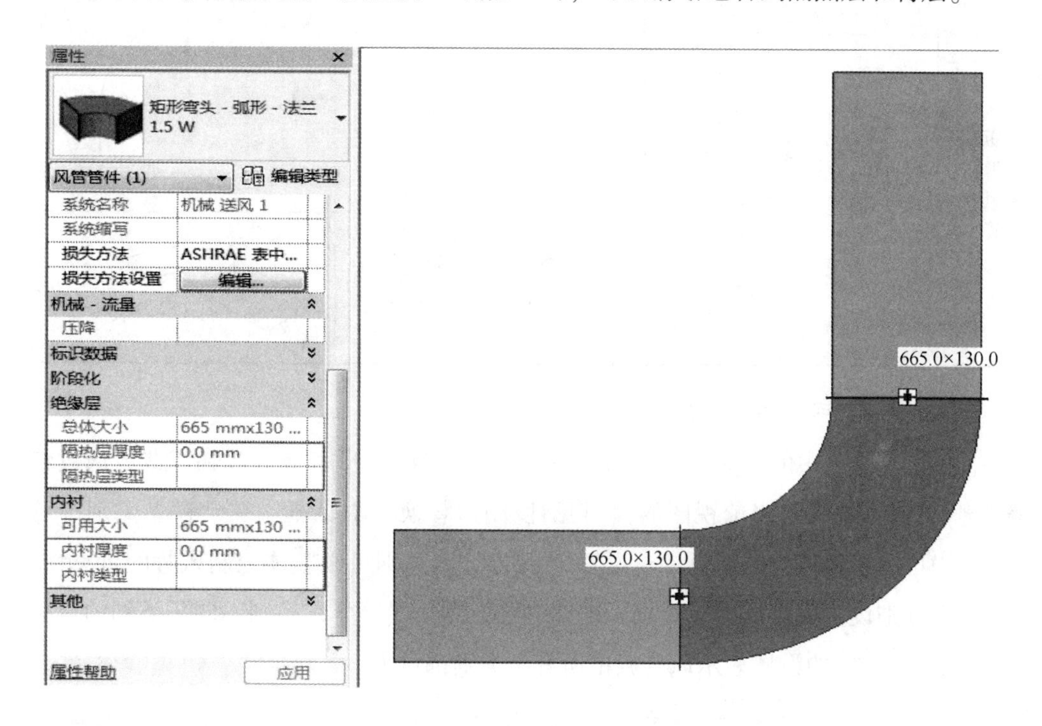

图 2-72 添加风管隔热层和衬层

2.2.3 风管显示设置

2.2.3.1 视图详细程度

Revit 的视图可以设置粗略、中等和精细三种详细程度，如图 2-73 所示。

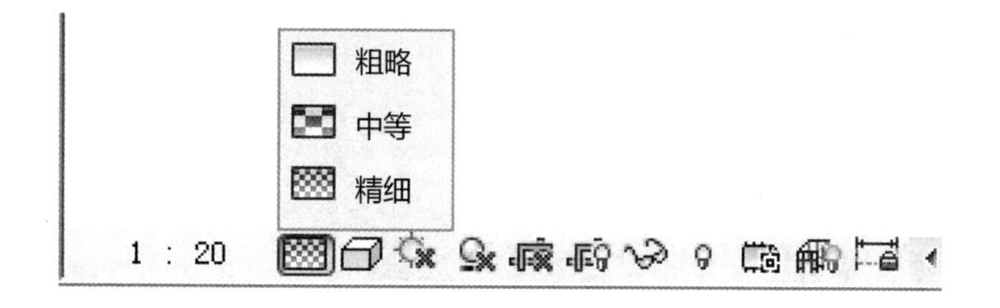

图 2-73 风管详细程度显示设置

在粗略程度下，风管默认为单线显示，在中等和精细程度下，风管默认为双线显示，见表 2-1。

表 2-1　风管不同精细程度下显示样式

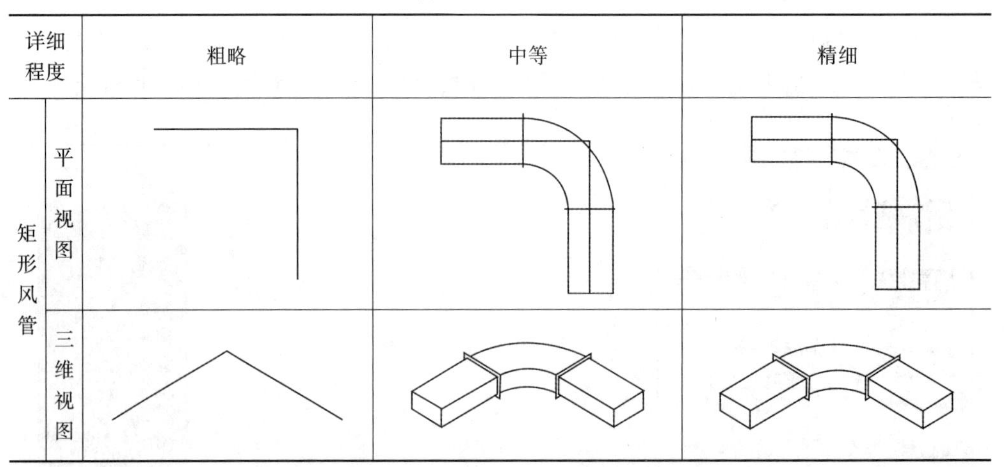

详细程度		粗略	中等	精细
矩形风管	平面视图			
	三维视图			

2.2.3.2　可见性/图形替换

单击功能区中的“视图”选项卡——→“可见性/图形替换”按钮，或者通过快捷键 VG 或 VV 打开当前视图的“可见性/图形替换”对话框。在“模型类别”选项卡中可以设置风管的可见性。设置“风管”族类别可以整体控制风管的可见性，还可以分别设置风管族的子类别，比如衬层、隔热层等分别控制不同子类别的可见性。如图 2-74 的设置表示风管族中所有子类别都可见。

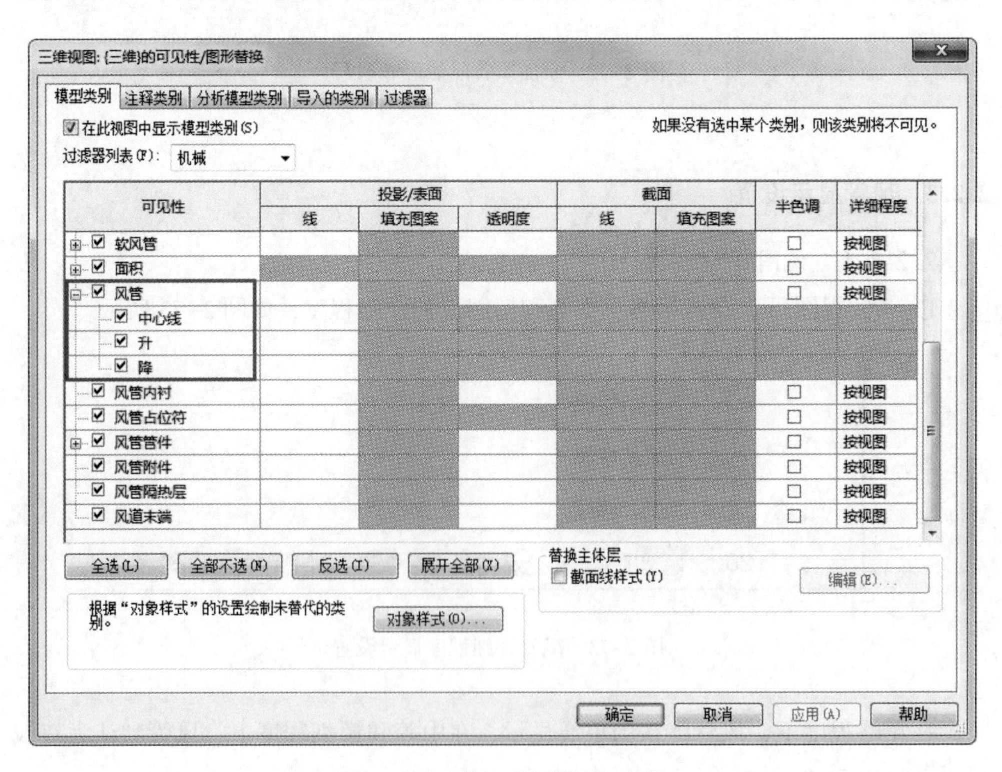

图 2-74　可见性/图形替换-风管

2.2.3.3 隐藏线

单击“机械”按钮右侧的箭头，在打开的“机械设置”对话框中，“隐藏线”用来设置图元之间交叉、发生遮挡关系时的显示，如图 2-75 所示。

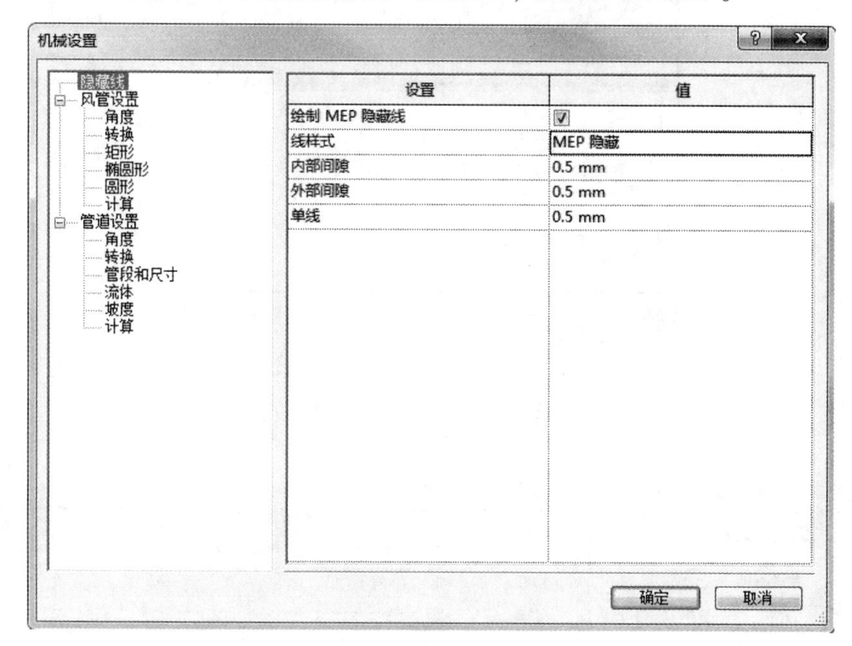

图 2-75 “机械设置”中“隐藏线”的设置

2.2.3.4 风管标注

风管标注和水管标注的方法基本相同，在后文“水管标注”中介绍。

2.3 管道系统模型创建

2.3.1 设置管道参数

2.3.1.1 管道类型设置

这里主要是指管道的族类型。管道属于系统族，无法自行创建，但可以创建、修改和删除族类型。

（1）单击“系统”选项卡⟶“卫浴和管道”⟶“管道”按钮，通过绘图区域左侧的“属性”对话框选择和编辑管道类型，如图 2-76 所示。Revit 提供“Plumbing-DefaultCHCHS”项目样板文件中默认配置了两种管道类型，分别为“PVC-U”和“标准”管道类型，如图 2-76 所示。

（2）单击“编辑类型”按钮，打开管道“类型属性”对话框，对管道类型进行设置，如图 2-77 所示。在“属性”栏中，“机械”列表下定义的是和管道属性相关的参数，与“机械设置”对话框中“尺寸”中的参数相对应。其中，“连接类型”对于“连接”，“类别”对应“明细表 | 类型”。

（3）通过在“管件”列表中配置各类型管件族，可以指定绘制管道时自动添

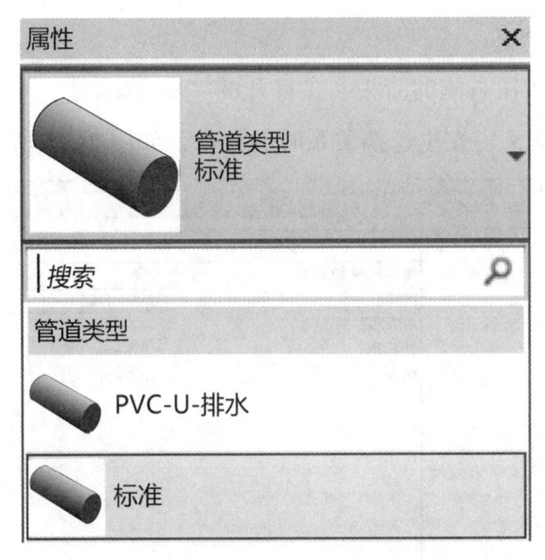

图 2-76　管道类型设置

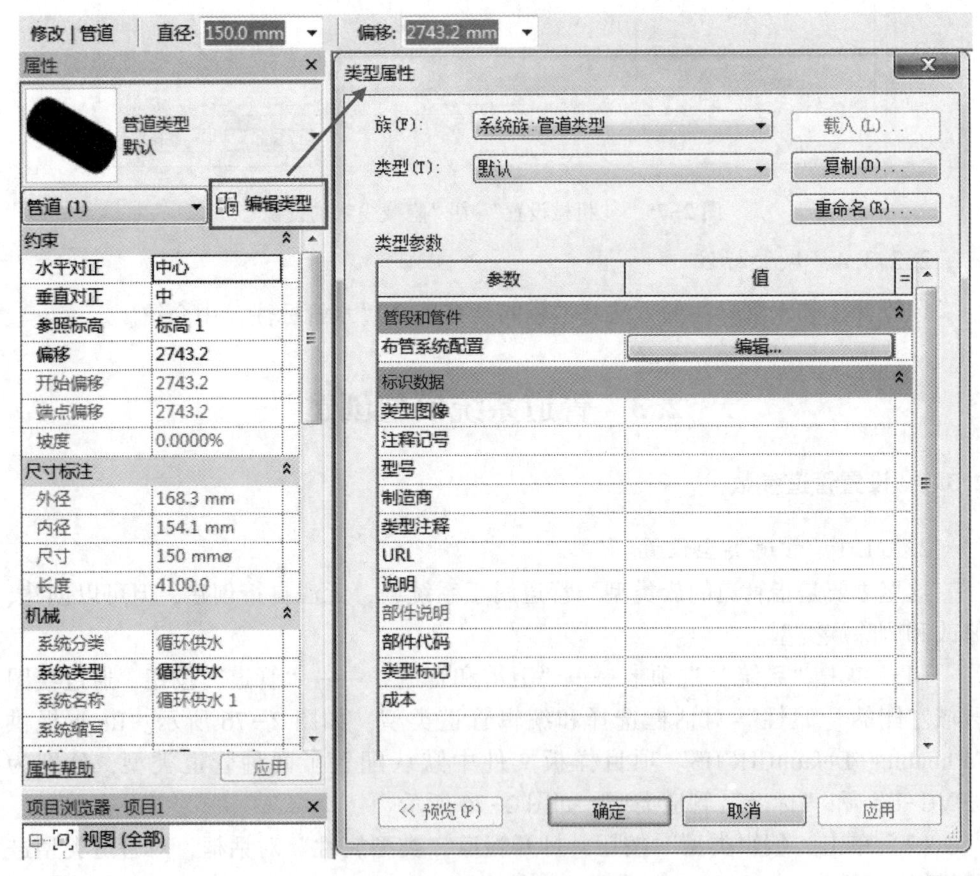

图 2-77　管道属性设置

加到管路中的管件。管件类型可以在绘制管道时自动添加到管道中的有弯头、T 形三通、接头、四通、过渡件、活接头、法兰。如果“管件”不能在列表中选取，则需要手动添加到管道系统中，如Y形三通、斜四通等。

2.3.1.2　管道尺寸设置

（1）单击“管理”选项卡⟶“设置”⟶“MEP设置”⟶“机械设置”按钮。扫码查看管道尺寸设置界面图。

（2）单击“系统”选项卡⟶“机械”按钮，如图2-78所示。

图2-78　系统选项卡-机械

（3）直接键入MS（机械设置快捷键）。

1）添加/删除管道尺寸的步骤如下。

①打开“机械设置”对话框后，选择“管段和尺寸”选项，右侧面板会显示可在当前项目中使用的管道尺寸列表。在Revit中，管道尺寸可以通过“管段”进行设置，“粗糙度”用于管段的水力计算。

图2-79显示了热熔连接的PE63塑料管，规范GB/T 13663中压力等级为0.6MPa的管道的公称直径、ID（管道内径）和OD（管道外径）。

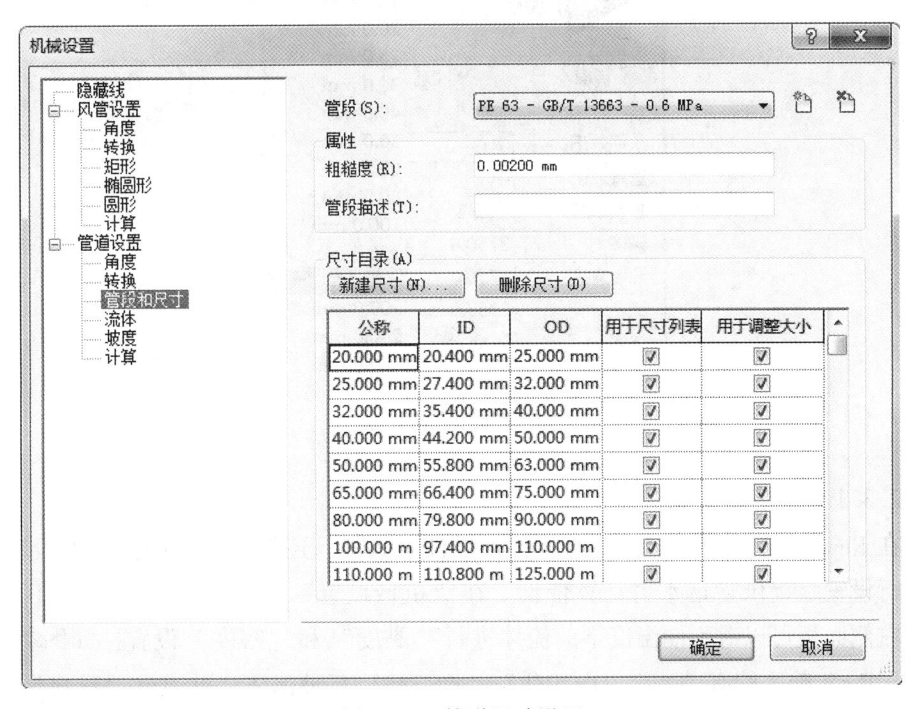

图2-79　管道尺寸设置

②单击“新建尺寸”或“删除尺寸”按钮可以添加或删除管道的尺寸，新建管道的公称直径和现有列表中管道的公称直径不允许重复。如果在绘图区域已经绘制了某尺寸的管道，该尺寸在“机械设置”尺寸列表中将不能删除，需要先删除项目中的管道，才能删除“机械设置”尺寸列表中的尺寸。

2）尺寸应用。通过勾选“用于尺寸列表”和“用于调整大小”复选框来调节管道尺寸在项目中的应用。如果勾选一段管道尺寸的“用于尺寸列表”，该尺寸可以被管道布局编辑器和“修改｜放置管道”中的管道“直径”下拉列表调用，在绘制管道时可以直接在选项栏的“直径”下拉列表中选择尺寸，如图 2-80 所示。如果勾选某一管道的“用于调整大小”，该尺寸可以应用于“调整风管｜管道大小”功能。

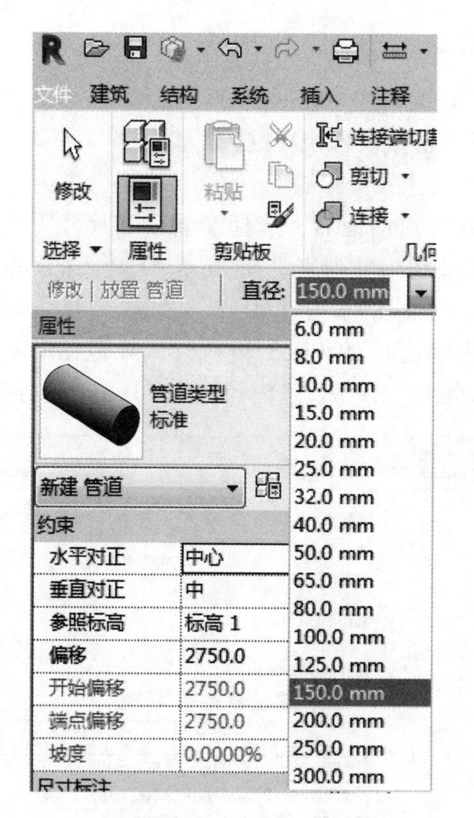

图 2-80　尺寸应用

2.3.1.3　其他设置

在 Revit 中，除了能定义管道的各种设计参数外，还能对管道中流体的设计参数进行设置。提供管道水力计算依据。在“机械设置”对话框中，选择“流体”，提供右侧面板可以对不同温度下的流体进行“黏度”和“密度”设置，如图 2-81 所示。Revit 输入的有“水”“丙二醇”“乙二醇”三种流体，可通过“新建温度”和“删除温度”按钮对流体设计参数进行编辑。

图 2-81　管道属性流体设置

2.3.2　管道绘制方法

扫码看管道绘制方法视频

2.3.2.1　基本操作

在平面视图、立面视图、剖面视图、三维视图中均可以绘制管道。进入管道绘制模式的方法有以下几种。

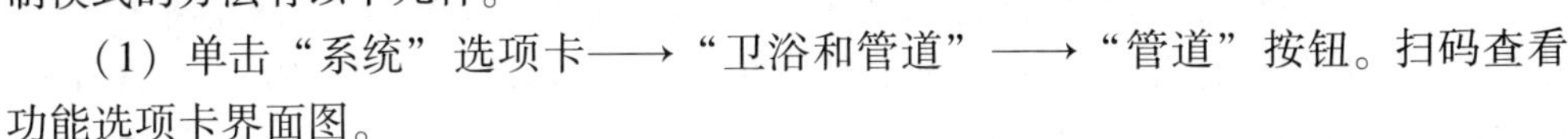

(1) 单击“系统”选项卡——→“卫浴和管道”——→“管道”按钮。扫码查看功能选项卡界面图。

(2) 选中绘图区已布置构件族的管道连接件，单击鼠标右键，在弹出的快捷键菜单中选择“绘制管道”命令。

(3) 直接键入 PI（管道快捷键）。进入管道绘制模式，“修改 | 管道”选项栏被同时激活。按照以下步骤手动绘制管道。

1）选择管道类型。在“属性”对话框中选择所需要绘制的管道类型，如图 2-82所示。

2）选择管道尺寸。在“修改 | 管道”选项栏的“直径”下拉列表中，选择在“机械设置”中设定的管道尺寸，也可以直接输入欲绘制的管道尺寸。如果在下拉列表中没有该尺寸，系统将从列表中自动选择和输入最接近的管道尺寸。

3）指定管道偏移。默认“偏移量”是指管道中心线相对于当前平面标高的距离。重新定义管道“对正”方式后，“偏移量”指定的距离含义将发生变化。在“偏移量”下拉列表中可以选择项目中已经用到的管道偏移量，也可以直接输入自定义的偏移量数值，默认单位为毫米。

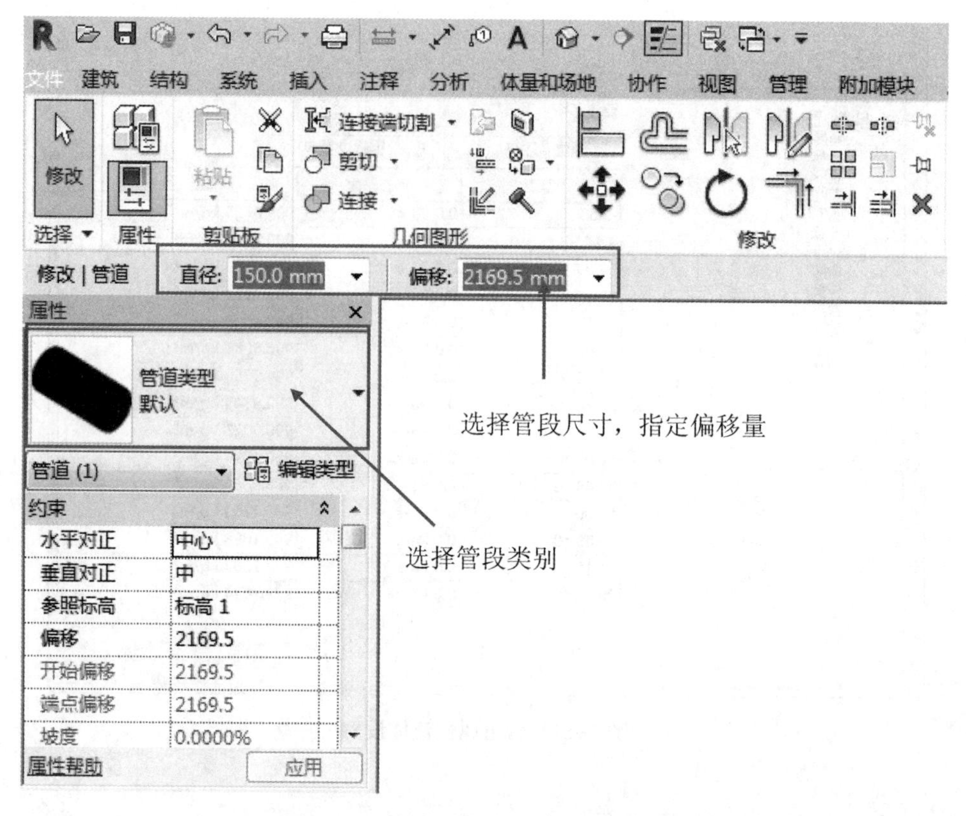

图 2-82　管道绘制-修改｜管道选项栏

4）指定管道起点和终点。将鼠标指针移至绘图区域，单击一点即可指定管道起点，移动至终点位置再次单击，这样即可完成一段管道的绘制；可以继续移动鼠标指针绘制下一管道，管道将根据管路布局自动添加在“类型属性”对话框中预设好的管件。绘制完成后，按<Esc>键，或者单击鼠标右键，在弹出的快捷菜单中选择“取消”命令，退出管道绘制。

2.3.2.2　管道对正

A　绘制管道

在平面视图和三维视图中绘制管道，可以通过“线管｜放置管道”选项卡下“放置工具”中的“对正”按钮指定管道的对齐方式。打开“对正设置”对话框，如图 2-83 所示。

（1）水平对正：用来指定当前视图下相邻两端管道之间的水平对齐方式。“水平对正”方式有“中心”“左”“右”三种形式。“水平对正”后的效果还与绘制管道的方向有关，如果自左向右绘制管道，选择不同“水平对正”方式的绘制效果如图 2-84 所示。

（2）水平偏移：用于指定管道绘制起点位置与实际管道绘制位置之间的偏移距离。该功能多用于指定管道和墙体等参考图元之间的水平偏移距离。比如设置“水平偏移”值为 500mm 后，捕捉墙体中心线绘制外径为 100mm 的管段，这样实际绘制位置是按照“水平偏移”值偏移墙体中心线的位置。同时，该距离还与“水平

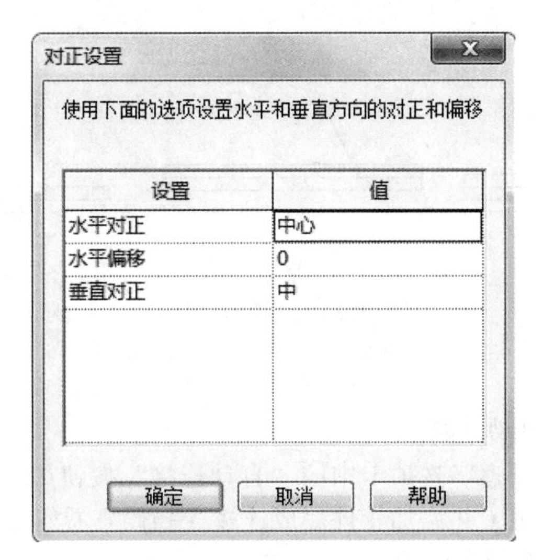

图 2-83 管道对正设置

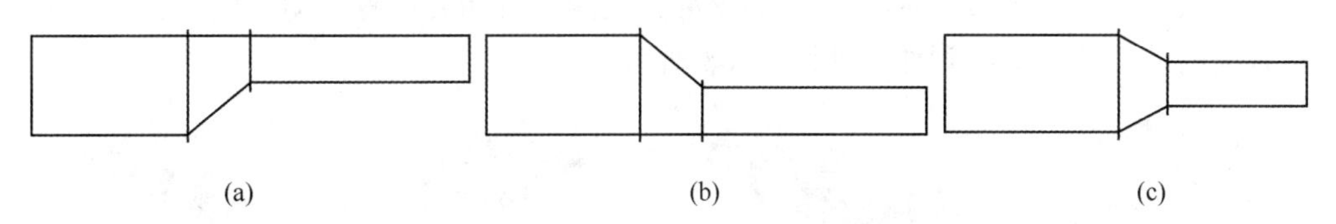

图 2-84 管道不同水平对正方式的图形显示

(a) 左对正；(b) 右对正；(c) 中心对正

对齐”方式及绘制管道方向有关，如果自左向右绘制管道，三种不同的水平对正方式下管道中心线到墙中心线的距离标注如图 2-85 所示。

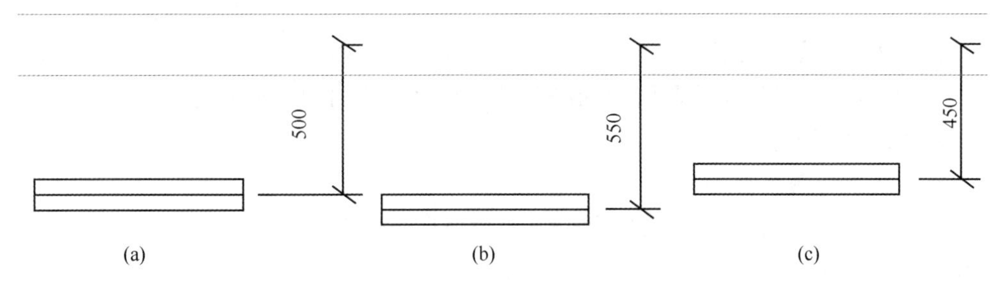

图 2-85 管道水平偏移

(a) 中心对正；(b) 左对正；(c) 右对正

(3) 垂直对正：用来指定当前视图下相邻两段管道之间的垂直对齐方式。“垂直对正”方式有“中”“底”“顶”三种形式。“垂直对正”的设置会影响“偏移量”，如图2-86 所示。当默认偏移量为 100mm 时，绘制外径为 100mm 的管道，设置不同的“垂直对正”方式，绘制完成后的管道偏移量（即管道中心标高）会发生变化。

B 编辑管道

管道绘制完成后，每个视图中都可以使用“对正”命令修改管道的对齐方式。选中需要修改的管段，单击功能区中的“对正”按钮。扫码查看管道的对正设置界面图。

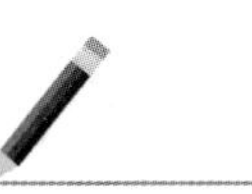

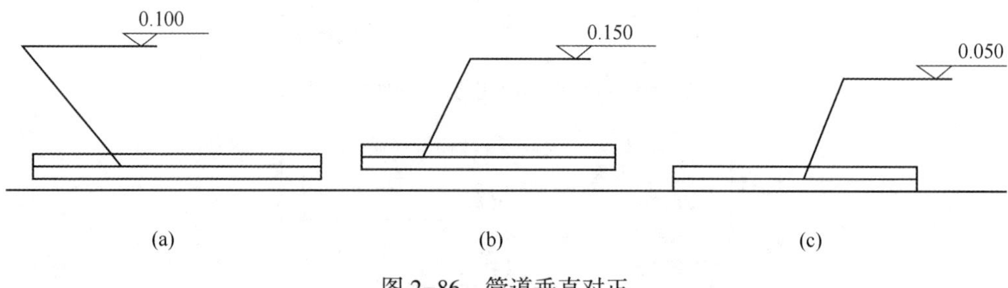

图 2-86　管道垂直对正

（a）中对正；（b）底对正；（c）顶对正

2.3.2.3　管道自动连接

在“修改 | 放置管道”选项卡中的“自动连接”按钮用于某一管段开始或结束时自动捕捉相交管道，并添加管件完成连接（扫码查看管道自动连接界面图），默认情况下，这一选项是激活的。

当激活“自动连接”时（见图 2-87），在两管段相交位置自动生成四通；如果不激活的话，则不生成管件，如图 2-88 所示。

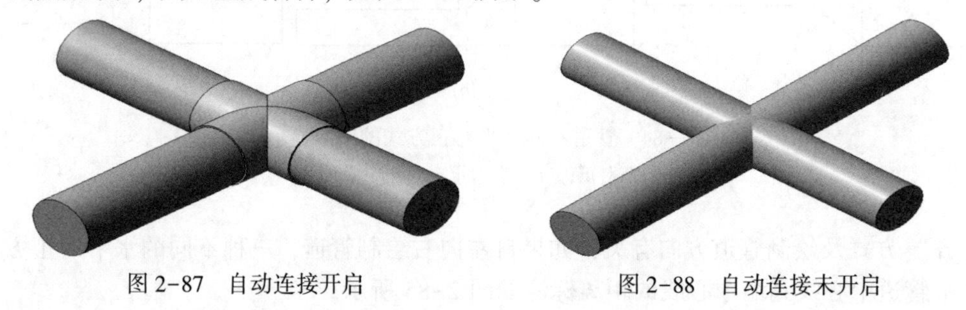

图 2-87　自动连接开启　　图 2-88　自动连接未开启

2.3.2.4　坡度设置

在 Revit 中，可以在绘制管道的同时指定坡度，也可以在管道绘制结束后再对管道坡度进行编辑。

A　直接绘制坡度

在“修改 | 放置管道”选项卡──→“带坡度管道”面板上可以直接指定管道坡度，如图 2-89 所示。

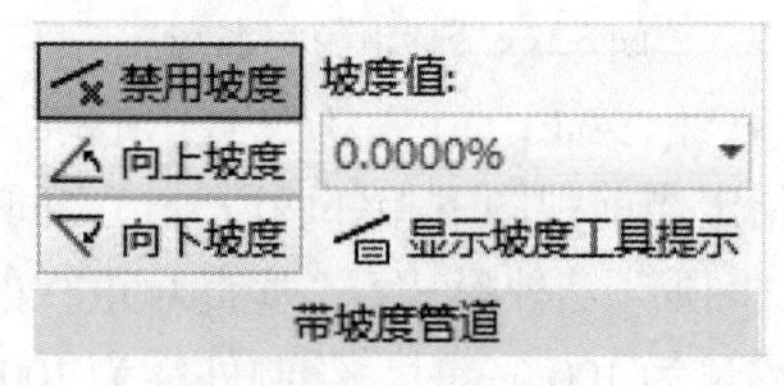

图 2-89　直接绘制坡度

通过单击 向上坡度 按钮修改向上坡度数值，或单击 向下坡度 按钮修改向下坡度数值。图 2-90 显示了当偏移量为 100mm，坡度为 0.8000%、2000mm 管道应用正、负坡度后所绘制的不同管道。

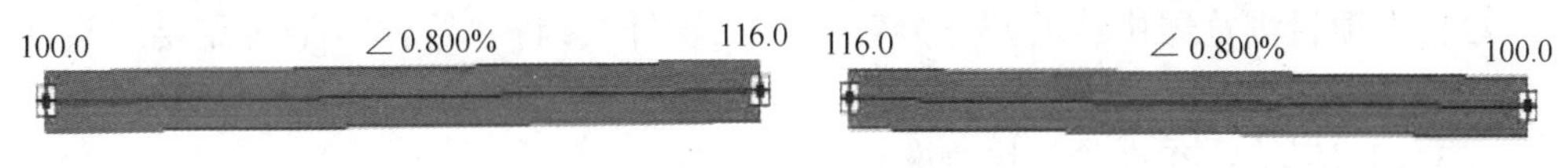

图 2-90 带坡度管道

B 编辑管道坡度

编辑管道坡度的两种方法如下所述。

(1) 选中管段，单击并修改起点和终点标高来获得管道坡度，如图 2-91 所示。当管段上的坡度符合出现时，也可以单击该符合修改坡度值。

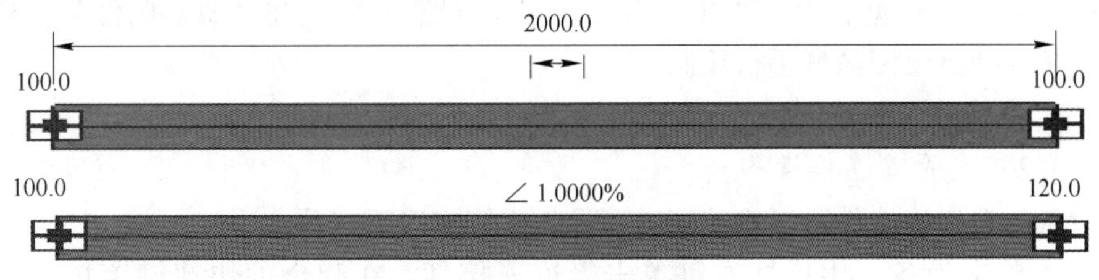

图 2-91 编辑管道坡度

(2) 选中管段，单击功能区中“修改 | 管道”选项卡中的“坡度”，激活“坡度编辑器”选项卡，如图 2-92 所示。在“坡度编辑器”选项栏中输入相应的坡度值，单击 坡度控制点 按钮可调整坡度方向。同样，如果输入负坡度值，将反转当前选择的坡度方向。

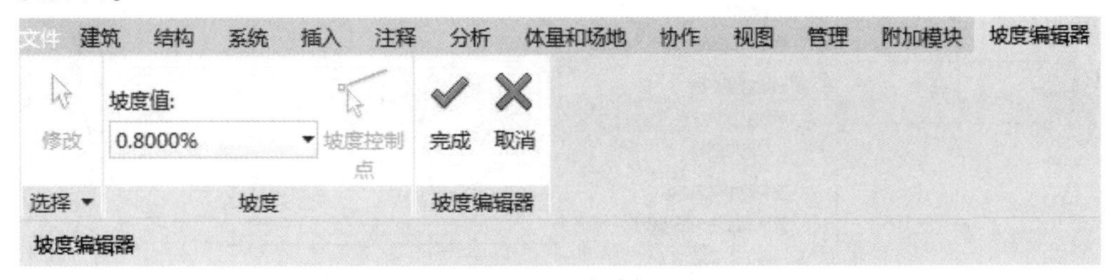

图 2-92 坡度编辑器

2.3.2.5 管道管件使用

每个管路中都包含大量连接固定的管件。这里将介绍绘制管道时管件的使用方法和注意事项。

管件在每个视图中都可以放置使用，放置管件有以下两种方法。

(1) 自动添加管件。在绘制管道的过程中自动加载的管件需在管道“类型属性”对话框中指定。部件类型是弯头、T 形三通、接管-垂直、接管-可调、四通、过渡件、活头或法兰的管件才能被自动加载。

(2) 手动添加管件。进入“修改 | 放置管件”模式的方式有以下几种。

1) 单击“系统”选项卡⟶“卫浴和管道”⟶“管件”按钮。扫码查看系统选项卡中管件按钮界面图。

2）在项目浏览器中，展开“族”——→“管件”，将“管件”下所需要的族直接拖拽到绘图区域进行绘制。

（3）直接输入 PF（管件快捷键）。

2.3.2.6　管道附件设置

在平面视图、立面视图、剖面视图和三维视图中均可放置管路附件。进入“修改｜放置管路附件”模式的方式有以下几种。

（1）单击“系统”选项卡——→“卫浴和管道”——→“管路附件”按钮。扫码查看管路附件界面图。

（2）在项目浏览器中，展开“族”——→“管路附件”，将“管路附件”下所需的族直接拖拽到绘图区域进行绘制。

（3）直接输入 PA（管路附件快捷键）。

2.3.2.7　管道连接设备

设备的管道连接件可以连接管道。设备连管有以下三种方法。

（1）单击设备，用鼠标右键单击管道连接件，在弹出的快捷键菜单中选择“绘制管道”命令。在连接件上绘制管道时，按空格键，可自动根据连接件的尺寸和高程调整绘制管道的尺寸和高程，如图 2-93 所示。

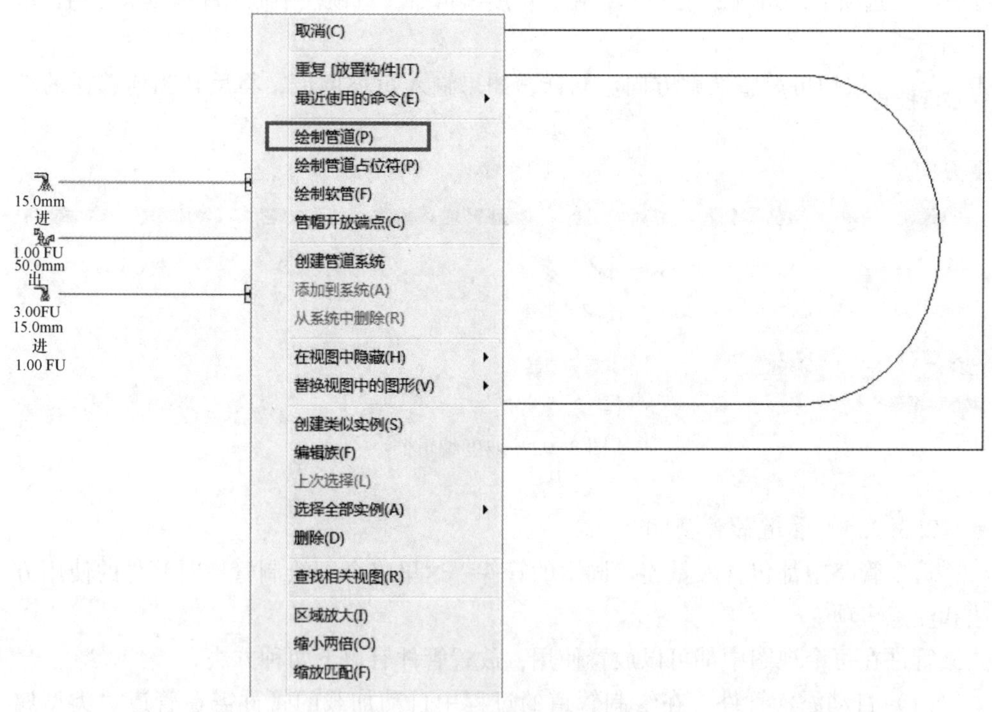

图 2-93　管路连接设备

（2）直接拖拽已绘制的管道到相应的设备管道连接件上，管道将自动捕捉设备上的管道连接件，完成连接，如图 2-94 所示。

（3）单击“布局选项卡”——→“连接到”按钮，为设备连接管道，可以方便地完成设备接管。扫码查看连接到命令界面图。

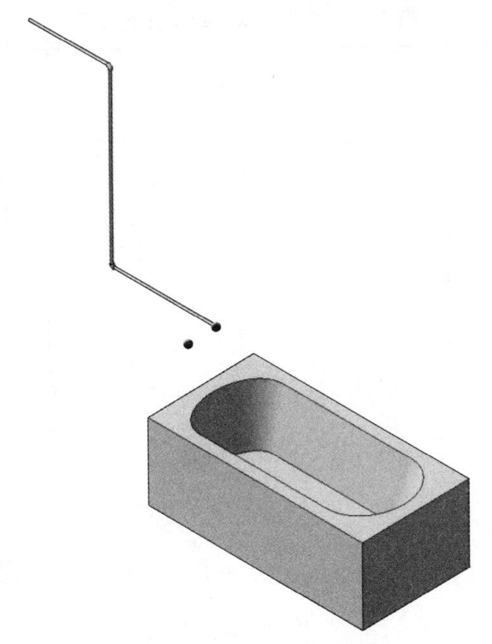

图 2-94 管道自动连接设备

2.3.2.8 管道隔热层

Revit 可以为管道添加隔热层。进入绘制管道模式后，单击“修改｜管道”选项卡⟶“管道隔热层”⟶“添加隔热层”按钮，输入隔热层的类型和所需的厚度，将视觉样式设置为“线框”时，则可清晰地看到隔热层。扫码查看管道隔热层界面图。

2.3.3 管道显示设置

Revit 中可以控制管道不同的显示方式，满足不同的需要。

2.3.3.1 视图详细程度

Revit 有三种视图详细程度，分别为粗略、中等和精细，如图 2-95 所示。

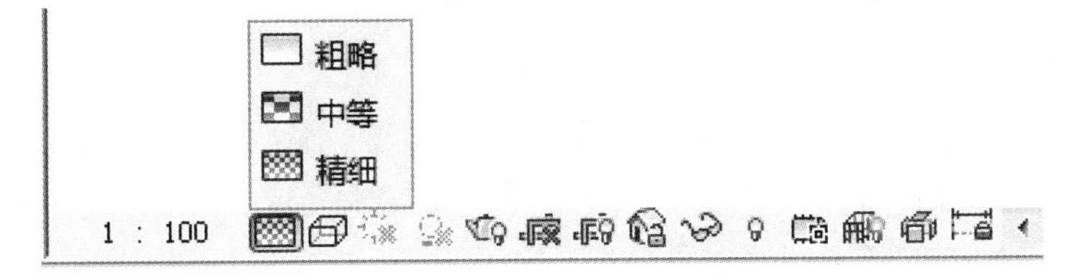

图 2-95 视图详细程度设置

在粗略和中等详细程度下，管道默认为单线显示；在精细视图下，管道默认为双线显示，见表 2-2。在创建管件和管路附件等相关族的时候，应注意配合管道显示特性，尽量使管件和管路附件在粗略和中等详细程度下单线显示，精细视图下双线显示，确保管路看起来协调一致。

表 2-2　管道显示详细程度对照表

详细程度	粗　略	中　等	精　细
平面视图			
三维视图			

2.3.3.2　可见性/图形替换

单击“视图”选项卡⟶“图形”⟶“可见性/图形替换”按钮，或者通过VG或VV快捷键打开当前视图的“可见性/图形替换”对话框。

A　模型类别

在“模型类别”选项卡中可以设置管道可见性，即可以根据整个管道族类别来控制，也可以根据管道族的子类别来控制；可通过勾选来控制它的可见性。扫码查看“可见性/图形替换”中管道的设置界面图，其中，该设置表示管道族中的隔热层子类别不可见，其他子类别都可见。

“模型类别”选项卡中的“详细程度”选项还可以控制管道族在当前视图显示的详细程度。默认情况下为“按视图”，遵守“粗略和中等管道单线显示，精细管道双线显示”的原则；也可以设置为“粗略”“中等”“精细”，这时管道的显示将不依据当前视图详细程度的变化而变化，而始终依据所选择的详细程度。

B　过滤器

Revit 视图中，如果需要对于当前视图上的管道、管件、管路附件等依据某原则进行隐藏或区别显示，可以通过“过滤器”功能来完成，如图 2-96 所示。这一方法在分系统显示管路上用的很多。

单击“编辑/新建”按钮，打开“过滤器”对话框（扫码查看过滤器参数设置界面图），“过滤器”的族类别可以选择一个或多个，同时可以勾选“隐藏未选中类别”复选框，“过滤条件”可以使用系统自带的参数，也可以使用创建项目参数或者共享参数。

2.3.3.3　管道图例

在平面视图中，可以根据管道的某一参数对管道进行着色。

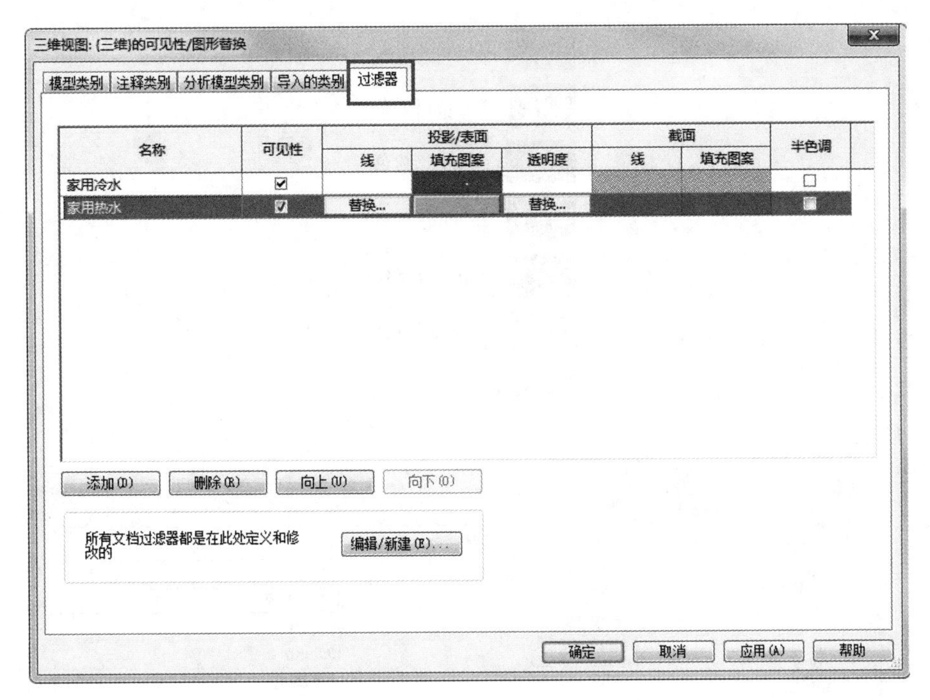

图 2-96 过滤器设置

A 创建管道图例

单击“分析”选项卡──→“颜色填充”──→“管道图例”按钮（扫码查看创建管道图例），将图例拖拽至绘图区域，单击鼠标确定绘制位置后，选择颜色方案，比如“管道颜色填充-尺寸”，Revit 将根据不同管道尺寸显示当前视图中的管道颜色。

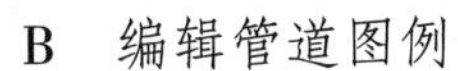

B 编辑管道图例

选中已添加的管道图例，单击“修改 | 管道颜色填充图例”选项卡──→“方案”──→“编辑方案”按钮，打开“编辑颜色方案”对话框（扫码查看编辑管道图例）。在“颜色”下拉列表中选择相应的参数，这些参数值都可以作为管道配色的依据。

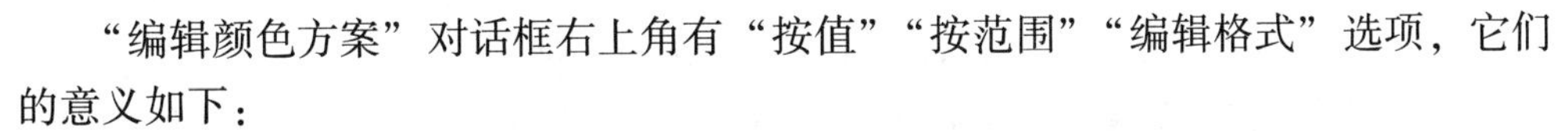

“编辑颜色方案”对话框右上角有“按值”“按范围”“编辑格式”选项，它们的意义如下：

(1) 按值——按照所选参数的数值来作为管道颜色方案条目；

(2) 按范围——对于所选参数设定一定的范围来作为颜色方案条目；

(3) 编辑格式——可以定义范围数值定位。

图 2-97 为添加好的管道图例，可根据图例颜色判断管道系统设计是否符合要求。

2.3.3.4 隐藏线

除了上述控制管道的显示方法，再介绍一下隐藏线的运用。打开“机械设置”对话框，如图 2-98 所示，左侧“隐藏线”是用于设置图元之间交叉、发生遮挡关系时的显示。

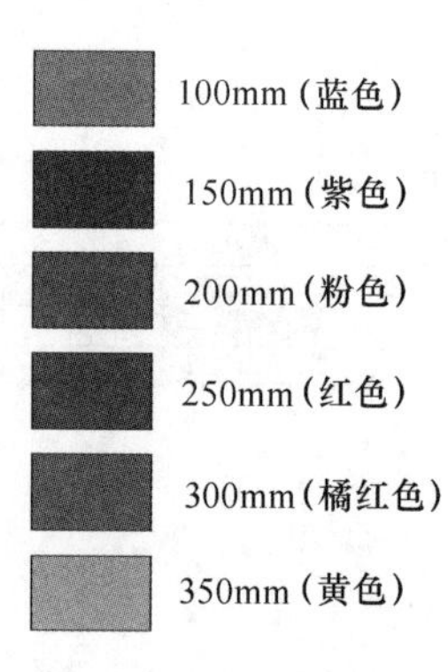

图 2-97　管道色卡

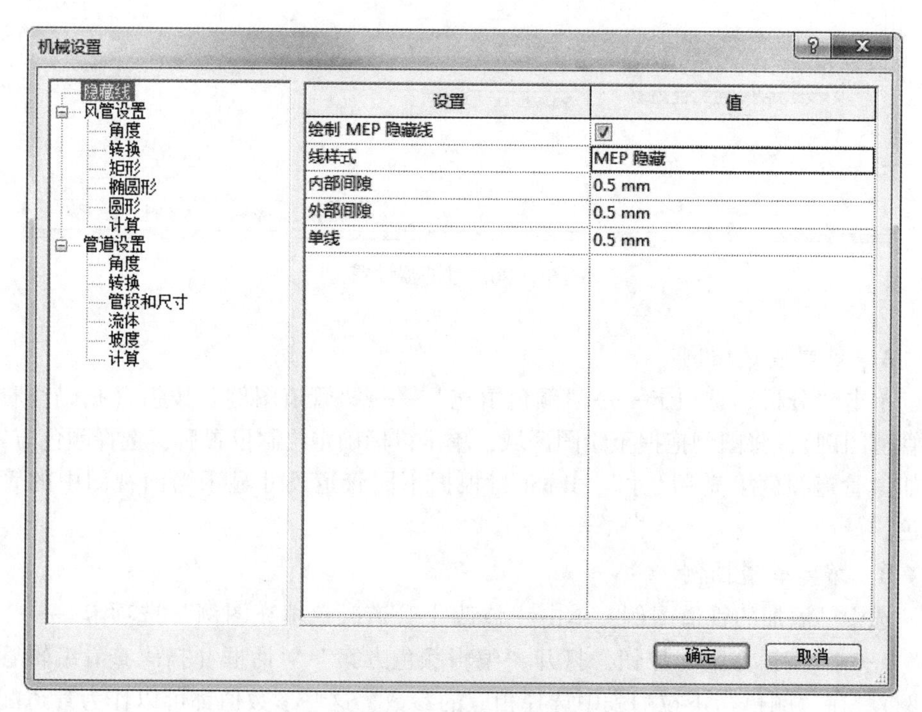

图 2-98　隐藏线设置

展开“隐藏线”选项，右侧面板中各参数的意义如下。

（1）绘制 MEP 隐藏线。绘制 MEP 隐藏线是指将按照“隐藏线”选项所指的线样式和间隙来绘制管道。图 2-99（a）为不勾选的效果，图 2-99（b）为勾选的效果。

（2）线样式。线样式是指在勾选“绘制 MEP 隐藏线”的情况下，遮挡线的样式。图 2-100（a）为“隐藏线”样式的效果，图 2-100（b）为“MEP 隐藏线”样式的效果。

（3）内部间隙、外部间隙、单线。这三个选项用来控制在非“细线”模型下隐藏线的间隙，允许输入数值为 0.0~19.1。“内部间隙”是指定在交叉段内部出现的线的间隙；“外部间隙”是指定在交叉段外部出现的线的间隙。“内部间隙”

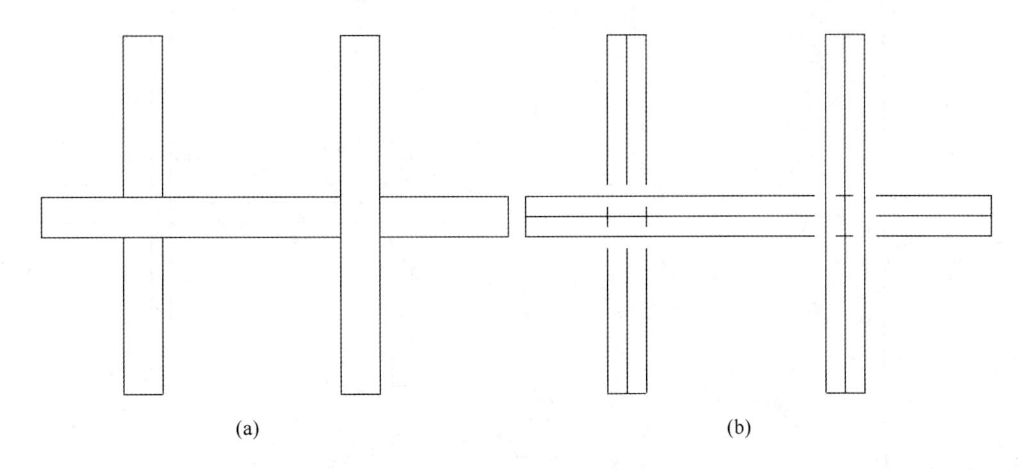

图 2-99　绘制 MEP 隐藏线
（a）勾选；（b）不勾选

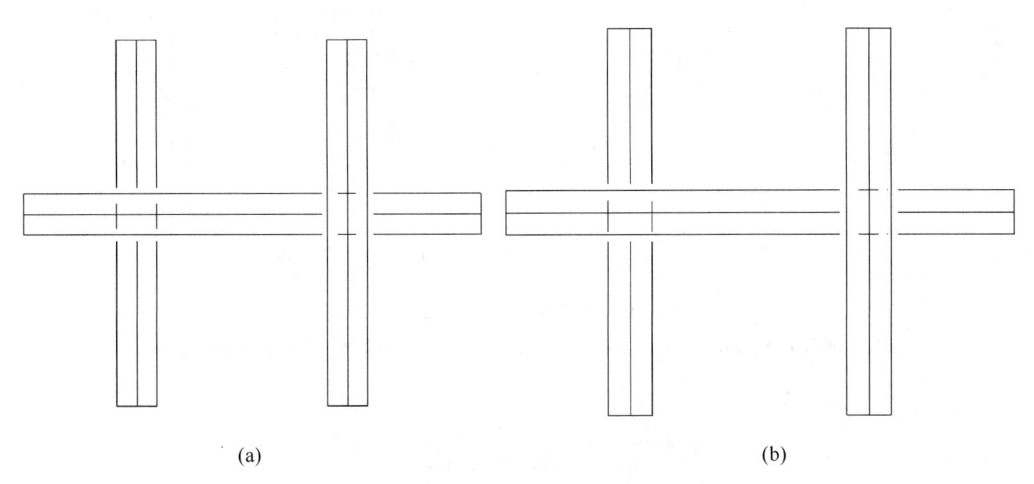

图 2-100　隐藏线样式
（a）“隐藏线”；（b）“MEP 隐藏线”

和“外部间隙”控制双线管道/风管的显示。在管道/风管显示为单线的情况下，没有“内部间隙”，因此“单线”用来设置单线模式下的外部间隙。内部间隙、外部间隙、单线如图 2-101 所示。

2.3.3.5　注释比例

在管件、管路附件、风管管件、电缆桥架配件、线管配件这几类族的类型属性中都有“使用注释比例”这个设置，这一设置用来控制上述几类族在平面视图中的单线显示，如图 2-102 所示。

除此之外，在“机械设置”对话框中也能对项目中的“为单线管件使用注释比例”进行设置，如图 2-103 所示。默认状态为勾选，如果去掉勾选，则后续绘制的相关族将不再使用注释比例，但之前已经出现的相关族不会被更改。

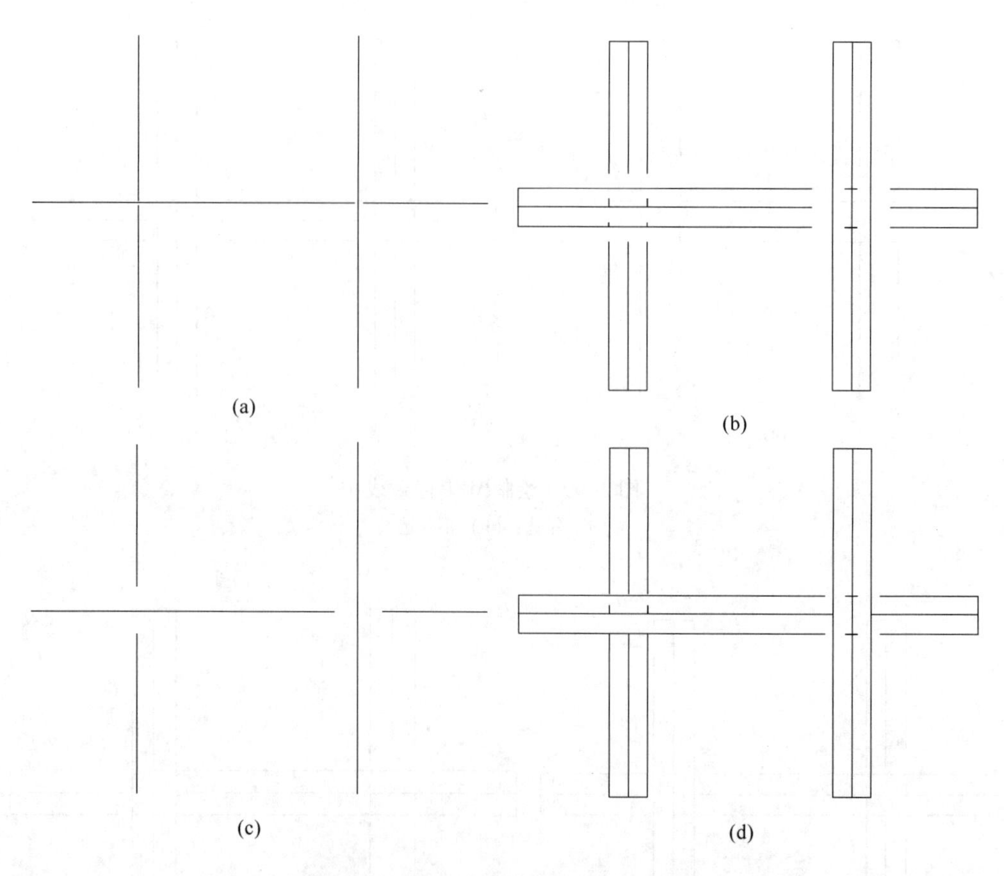

图 2-101　内部间隙、外部间隙、单线

（a）单线 0.5；（b）内部间隙 0.5，外部间隙 5；（c）单线 5；（d）内部间隙 0.5

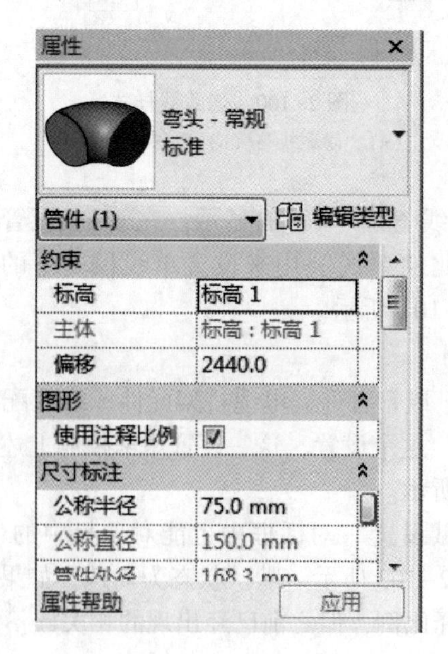

图 2-102　注释比例

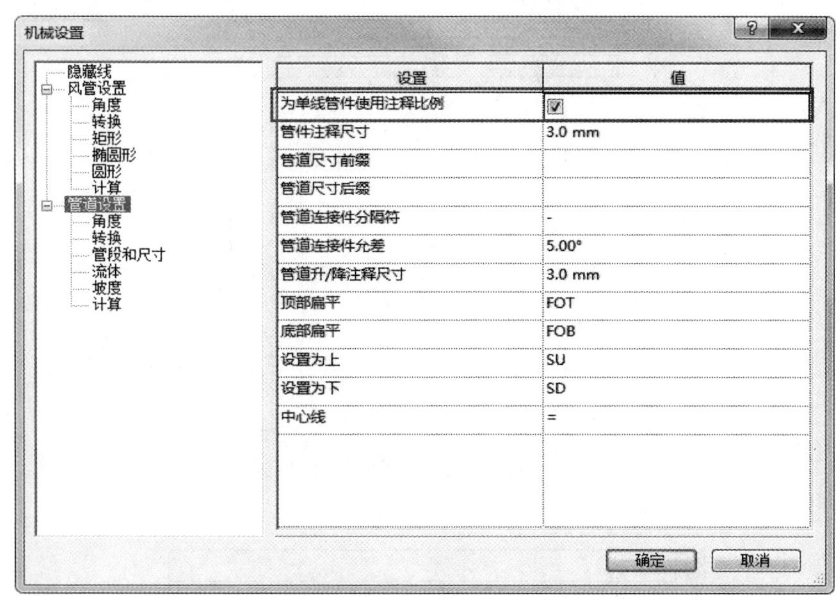

图 2-103 “机械设置”中的“为单线管件使用注释比例”

2.3.4 管道标注

管道尺寸和管道编号是通过注释符号族来标注的，在平、立、剖中均可使用。而管道标高和坡度则是通过尺寸系统族来标注的，在平、立、剖和三维视图均可使用。

2.3.4.1 尺寸标注

A 基本操作

Revit 自带的管道注释符号族“M _管道尺寸标记”可以用来进行管道尺寸标注，以下介绍两种方法。

(1) 管道绘制的同时进行标注。进入绘制管道模式后，单击“修改 | 放置管道”选项卡──→“标记”──→“在放置时进行标记”按钮（扫码查看自动进行管径标注设置界面）。绘制出的管道将会自动完成管径标注，如图 2-104 所示。

(2) 管道绘制后再进行管径标注。单击“注释”选项卡──→“标记”面板下拉列表──→“载入的标记”按钮（扫码查看标记族界面），就能查看到当前项目文件中加载的所有的标记族。某个族类别下排在第一位的标记族为默认的标记族。当单击“按类别标记”按钮后，Revit 将默认使用“M _管道尺寸标记”。

单击“注释”选项卡──→“标记”──→“按类别标记”按钮，将鼠标指针移至视图窗口的管道上，如图 2-105 所示。上下移动鼠标可以选择标注出现在管道上方还是下方，确定注释位置单击完成标注。

B 修改标记

Revit 可以通过如下方法修改标记，扫码查看修改标记界面。

(1)“水平”“竖直”可以控制标记放置的方式。

(2) 可以通过勾选“引线”复选框，确认引线是否可见。

(3) 勾选“引线”复选框，可选择引线为“附着端点”或是“自由端点”。

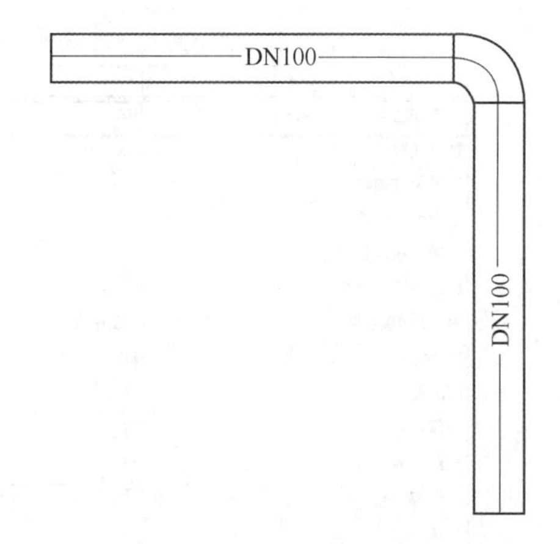

图 2-104　自动进行管径标注样式

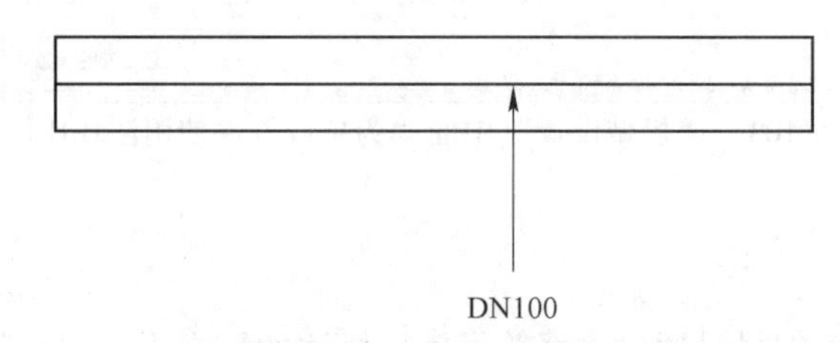

图 2-105　按类别标记管道

“附着端点” 表示引线的一个端点固定在被标记图元上，“自动端点” 表示引线两个端点都不固定，可进行调整。

C　尺寸注释符号族修改

因为 Revit 自带的管道注释符号族 “管道尺寸标记” 和国内常用的管道标注有些不同，故可以按照以下步骤进行修改。

(1) 在族编辑器中打开，“管道尺寸标记 . rfa”。

(2) 选中已设置的标签 “尺寸”，在 “修改标签” 选项卡中单击 “编辑标签”。

(3) 删除已选标签参数 “尺寸”。

(4) 添加新的标签参数 “直径”，并在 “前缀” 列中输入 “DN”。扫码查看尺寸注释符号族修改界面。

(5) 将修改后的族重新加载到项目环境中。

(6) 单击 “管理” 选项卡⟶ “设置” ⟶ “项目单位” 按钮，选择 “管道” 规程下的 “管道尺寸” 选项，将 “单位符号” 设置为 “无”。

(7) 按照前面介绍的方法进行管道尺寸的标注，如图 2-106 所示。

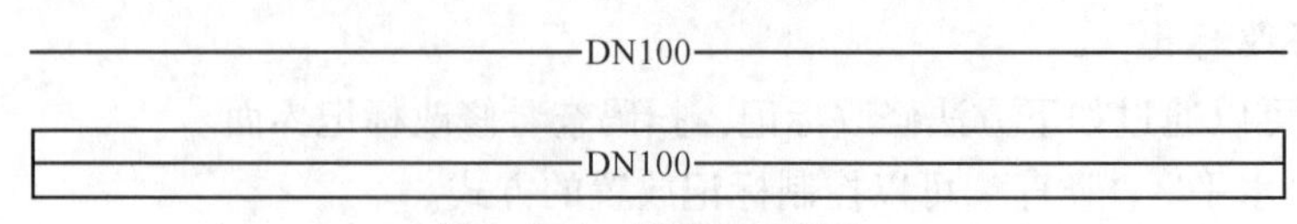

图 2-106　管道尺寸标注

2.3.4.2 标高标注

单击“注释”选项卡——→“尺寸标注”——→“高程点”按钮来标注管道标高，如图2-107所示。

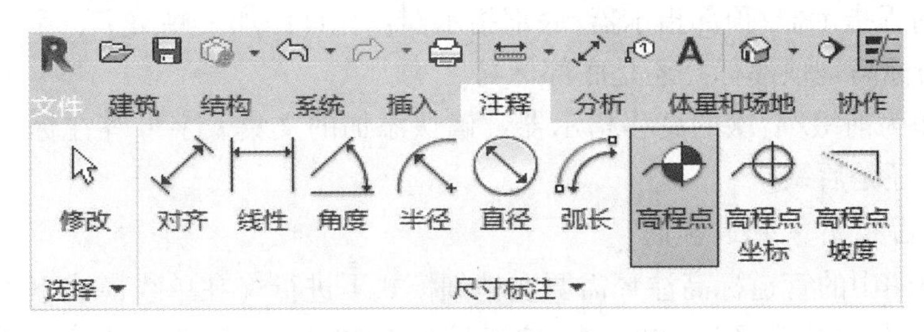

图 2-107 标高标注

打开高程点族的“类型属性”对话框，在“类型”下拉列表中可以选择相应的高程点符号族，如图 2-108 所示。

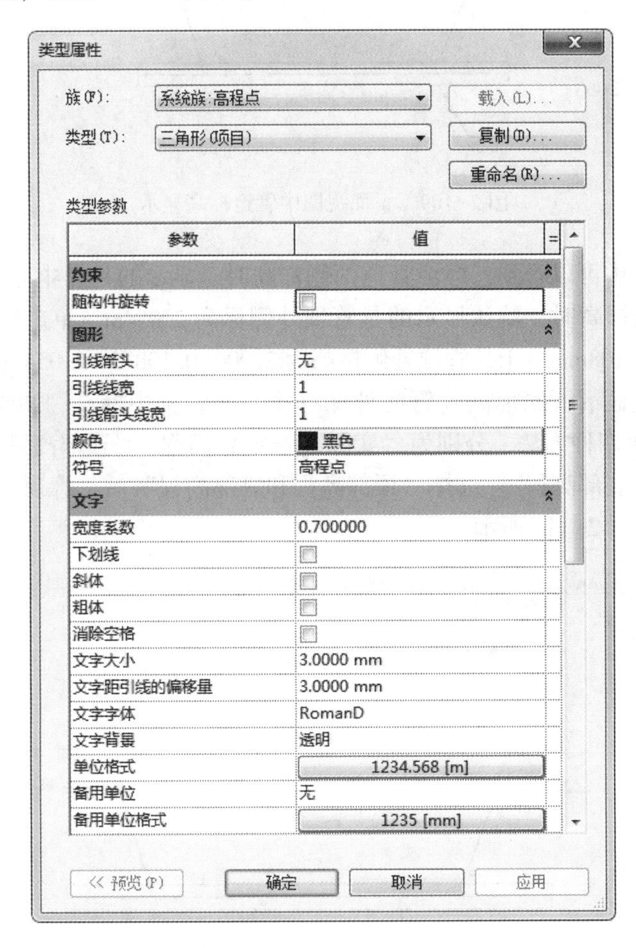

图 2-108 高程点类型属性

（1）引线箭头：可根据需要选择各种引线端点样式。

（2）符号：这里将出现所有高程点符号族。

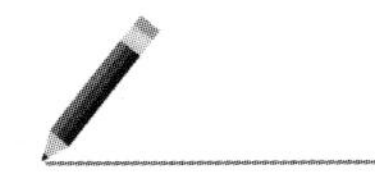

（3）文字与符号的偏移量：为默认情况下文字和“符号”左端点之间的距离，正值表明文字在“符号”左端点的左侧；负值表明文字在“符号”左端点右侧。

（4）文字位置：控制位置和引线的相对位置。

（5）高程指示器/顶部指示器/底部指示器：允许添加一些文字、字母等，用来提示出现的标高是顶部标高还是底部标高。

（6）作为前缀/后缀的高程指示器：确认添加的文集、字母等在标高中出现的形式是前缀还是后缀。

A　平面视图中管道标高

平面视图中的管道标高注释需要在精细模式下进行（在单线模式下不能进行标高标注）。一根公称直径为 100mm、偏移量为 2000mm 的管道的平面视图上的标高标注如图 2-109 所示。

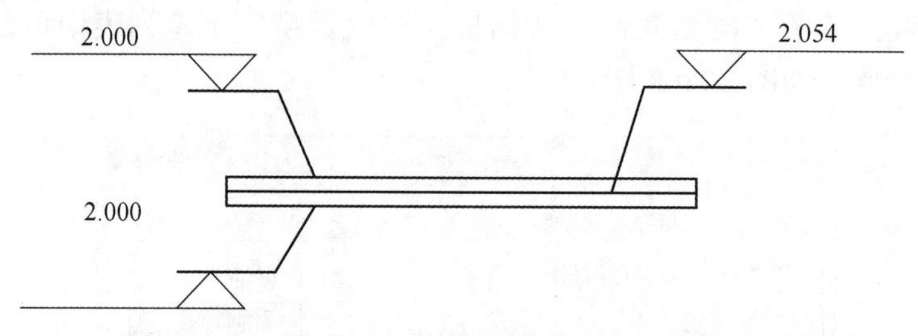

图 2-109　平面视图中管道标高显示

从图 2-109 中可以看到，标注管道两侧标高时，显示的是管中心标高 2. 000mm。标注管道中心线标高时，默认显示的是管顶外侧标高 2. 054m。单击管道属性查看可知，管道外径为 108mm，于是管顶外侧标高为 2. 000+0. 108/2=2. 054（m）。

有没有办法显示管底标高（管底外侧标高）呢？选中标高，调整“显示高程”即可。Revit 提供四种方法，分别为“实际（选定）高程”“顶部高程”“底部高程”和“顶部高程和底部高程”。选择“顶部高程和底部高程”后，管顶和管底标高同时被显示出来，如图 2-110 所示。

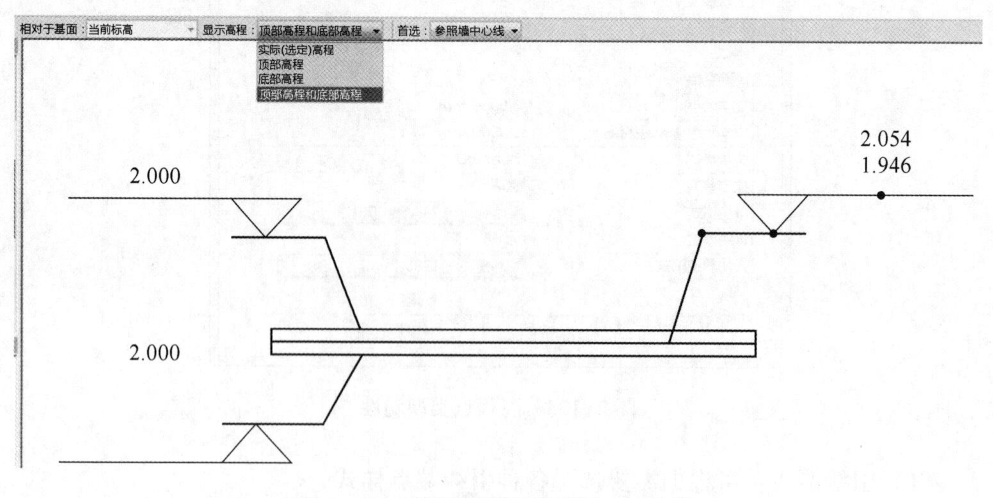

图 2-110　管顶和管底标高同时被显示

B 立面视图中管道标高

与平面视图不同，立面视图中在管道单线即粗略、中等的视图情况下也可以进行标高标注（见图 2-111），但此时仅能标注管道中心标高。而对于倾斜管道的标高，斜管上的标高值将随着鼠标指针在管道中心线上的移动而实时更新变化。如果在立面视图上标注管顶或者管底标高，则需要将鼠标指针移到管道端部，捕捉端点，才能标注管顶或管底标高，如图 2-111 所示。

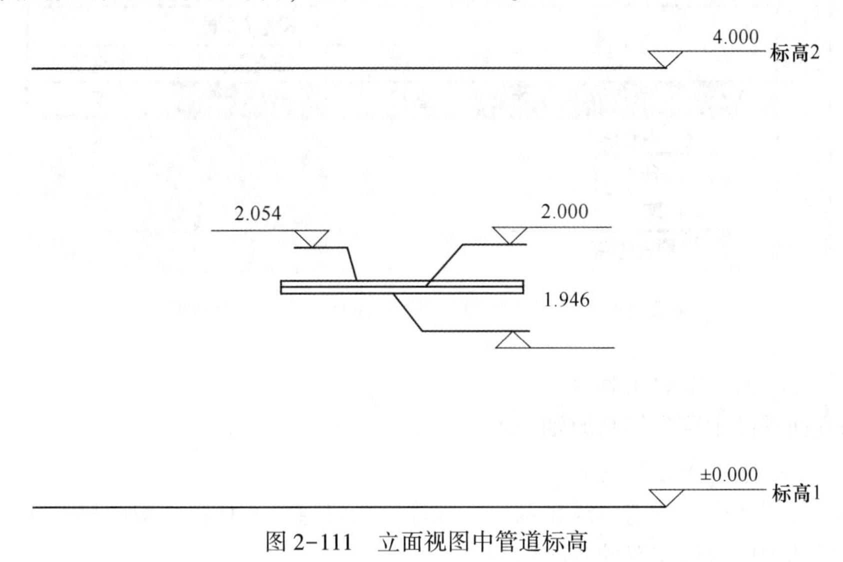

图 2-111 立面视图中管道标高

在立面视图上也能对管道截面进行管道中心、管顶和管底标注，如图 2-112 所示。

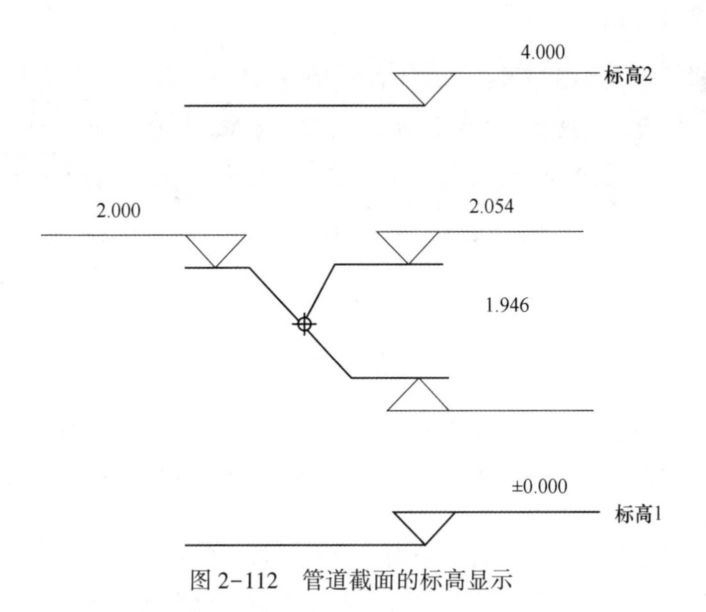

图 2-112 管道截面的标高显示

当对管道截面进行管道标注时，为了方便捕捉，建议关闭“可见性/图形替换”对话框中管道的两个子类别——“升”和“降”，如图 2-113 所示。

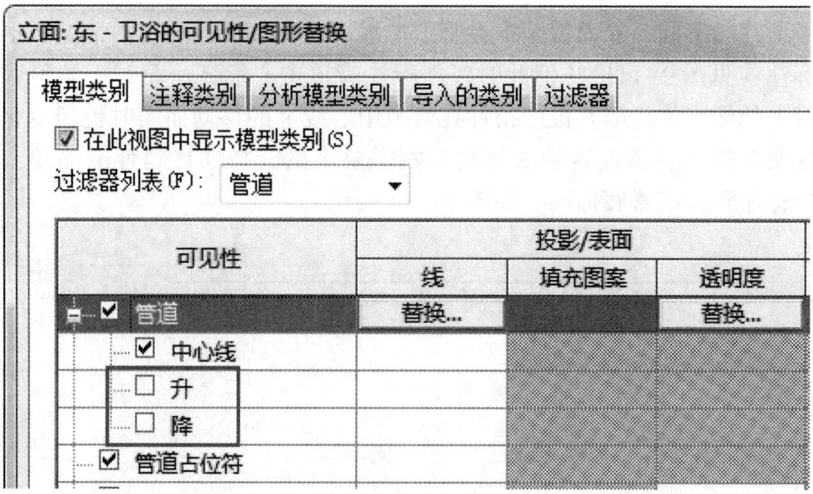

立面: 东 - 卫浴的可见性/图形替换

模型类别　注释类别　分析模型类别　导入的类别　过滤器

☑ 在此视图中显示模型类别(S)

过滤器列表(F): 管道

可见性	投影/表面		
	线	填充图案	透明度
☑ 管道	替换...		替换...
☑ 中心线			
☐ 升			
☐ 降			
☑ 管道占位符			

图 2-113　关闭“可见性/图形替换”管道升降按钮

C　剖面视图中管道标高

与立面视图中管道标高原则一致。

D　三维视图中管道标高

在三维视图中，管道单线显示下，标注的为管道中心标高；双线显示下，标注的则为所捕捉的管道位置的实际标高。

2.3.4.3　坡度标注

单击“注释”选项卡⟶“尺寸标注”⟶“高程点坡度”按钮来标注管道坡度，如图 2-114 所示。

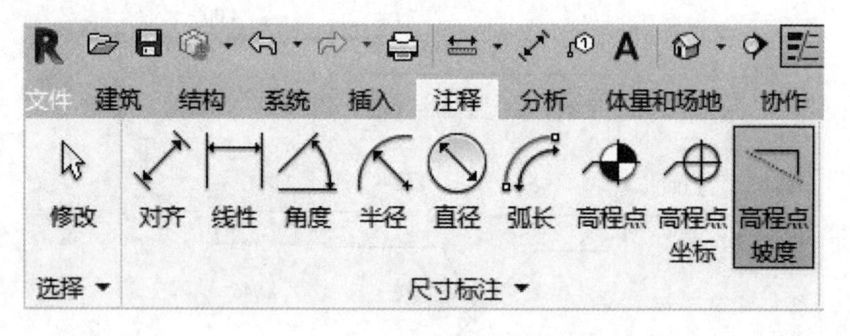

图 2-114　高程点坡度

进入“系统族：高程点坡度”可以看到控制坡度标注的一系列参数。高程点坡度标注与之前介绍的高程标注类似。“单位格式”设置为管道标注时习惯的百分比格式，如图2-115 所示。

选中任一坡度标注，会出现“修改 | 高程点坡度”选项栏。

其中，“相对参照的偏移”表示坡度标注线和管道外侧的偏移距离。“坡度表示”选项仅在立面视图中可选，有“箭头”和“三角形”两种坡度表示方法，如图 2-116 所示。

图 2-115　高程点坡度参数设置

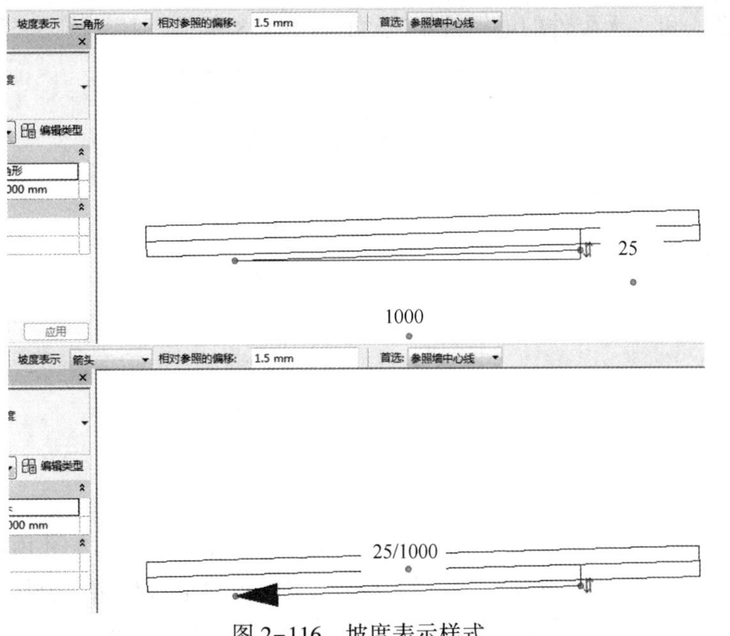

图 2-116　坡度表示样式

2.4　电气系统模型创建

2.4.1　电缆桥架

2.4.1.1　电缆桥架类型

利用 Revit 绘制的电缆桥架，如图 2-117 所示。

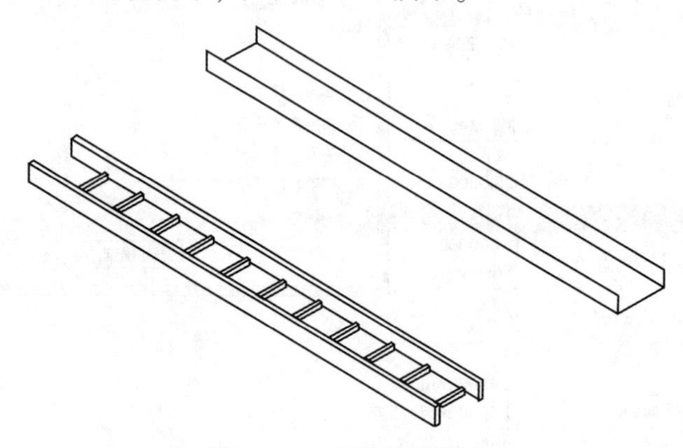

图 2-117　电缆桥架类型

Revit 提供了两种电缆桥架形式，分别为“带配件的电缆桥架”和“无配件的电缆桥架”。“无配件的电缆桥架”适用于设计中不明显区分配件的情况，“带配件的电缆桥架”和“无配件的电缆桥架”是作为两种不同的系统族来实现的，并在这两个系统族下面添加不同的类型。Revit 提供了“Electrical-Default _CHSCHS. rte”和“Systems-Default _CHSCH. rte”项目样板文件中配置了默认类型分别给“带配件的电缆桥架”和“无配件的电缆桥架”，如图 2-118 所示。

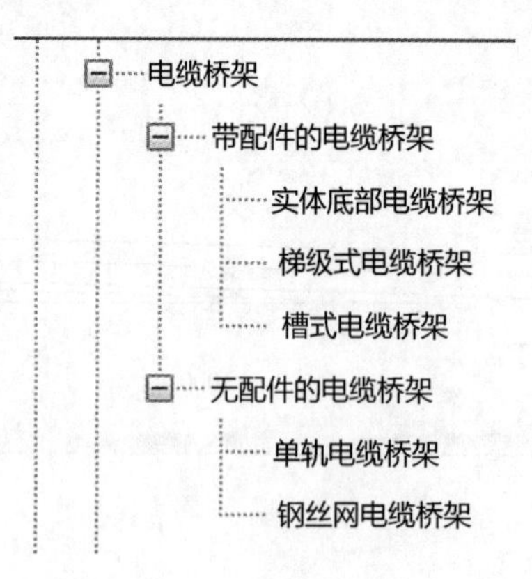

图 2-118　电缆桥架类型列表

“带配件的电缆桥架”的默认类型有实体底部电缆桥架、梯级式电缆桥架、槽式电缆桥架；“无配件的电缆桥架”的默认类型有单轨电缆桥架、金属丝网电缆桥架。其中，“梯级式电缆桥架”的形状为“梯形”，其他类型的截面形状为“槽形”。

与风管、管道一样，项目之前要设置好电缆桥架类型，可以用以下方法查看并编辑电缆桥架类型。

（1）单击“系统”选项卡⟶“电气”⟶“电缆桥架”按钮，在“属性”对话框中单击“编辑类型”按钮，如图 2-119 所示。

图 2-119 电缆桥架属性

（2）单击“常用”选项卡⟶“电气”⟶“电缆桥架”按钮，在“修改|放置电缆桥架”选项卡（扫码查看电缆桥架属性界面）的“属性”面板中单击“类型属性”按钮。

（3）在项目浏览器中，展开“族”⟶“电缆桥架”选项，双击要编辑的类型就可以打开“类型属性”对话框。扫码查看电缆桥架类型属性参数设置界面。

（4）在电缆桥架的“属性类型”对话框中，“管件”列表下需要定义管件配置参数。通过这些参数指定电缆桥架配件族，可以配置在管路绘制过程中自动生成的配件。Revit 自带项目样板“Systems-Default _CHSCHS. rte”和“Electrical-Default _CHSCHS. rte”中预先配置了电缆桥架类型，并分别指定了各种类型下“管件”默认使用的电缆桥架配件族，这样在绘制桥架时，所指定的桥架配件就可以自动放置到绘图区与桥架相连接。

2.4.1.2　电缆桥架配件族

Revit 自动族库中提供了专为中国用户创建的电缆桥架配件族。下面以水平弯管为例，对比族库中提供的几种配件族。如图 2-120 所示，配件族有“托盘式电缆桥架水平弯通 . rfa”“梯级式电缆桥架水平弯通 . rfa”和“槽式电缆桥架水平弯通 . rfa”。

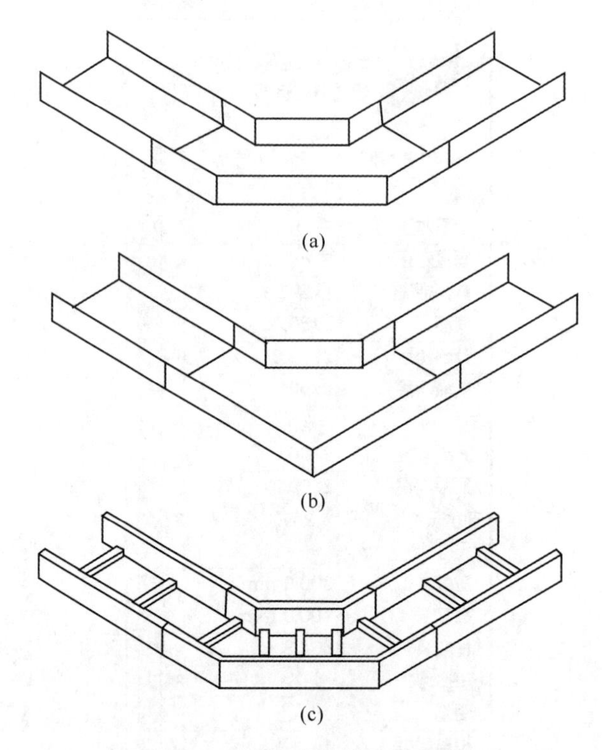

图 2-120　不同样式电缆桥架水平弯通

(a) 托盘式电缆桥架水平弯通；(b) 槽式电缆桥架水平弯通；(c) 梯级式电缆桥架水平弯通

2.4.1.3　电缆桥架的设置

在布置电缆桥架前，先按照设计要求对桥架进行设置，在“电气设置”对话框中定义“电缆桥架设置”。单击“管理”选项卡⟶“设置”⟶“MEP 设置”⟶“电气设置”按钮（也可单击“系统”选项卡⟶“电气”⟶“电气设置”按钮），在“电气设置”对话框左侧展开“电缆桥架设置”，如图 2-121 所示。

A　定义设置参数

(1) 为单线管件使用注释比例：用来控制电缆桥架配件在平面视图中的单线显示。如果勾选该选项，将以“电缆桥架配件注释尺寸”的参数绘制桥架和桥架附件。

(2) 电缆桥架配件注释尺寸：指定在单线视图中绘制的电缆桥架配件出图尺寸。该尺寸不以图纸比例变化而变化。

(3) 电缆桥架尺寸后缀：指定附加到根据“属性”参数显示的电缆桥架尺寸后面的符号。

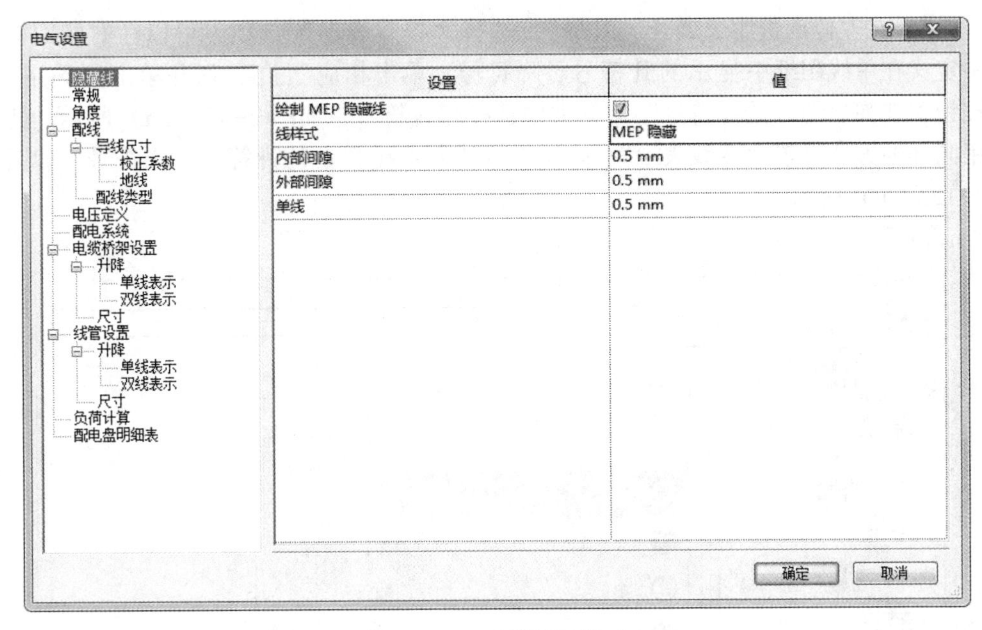

图 2-121　电缆桥架设置

（4）电缆桥架连接件分隔符：指定在使用两个不同尺寸的连接件时用来分隔信息的符号。

B　设置“升降”和“尺寸”

展开“电缆桥架设置”选项，设置“升降”和“尺寸”。

（1）升降。“升降”选项用来控制电缆桥架标高变化时的显示。

1）选择“升降”选项，在右侧面板中可指定电缆桥架升/降注释尺寸的值，如图2-122所示。该参数用于指定在单线视图中绘制的升/降注释的出图尺寸。该注释尺寸不以图纸比例变化而变化，默认设置为 3.00mm。

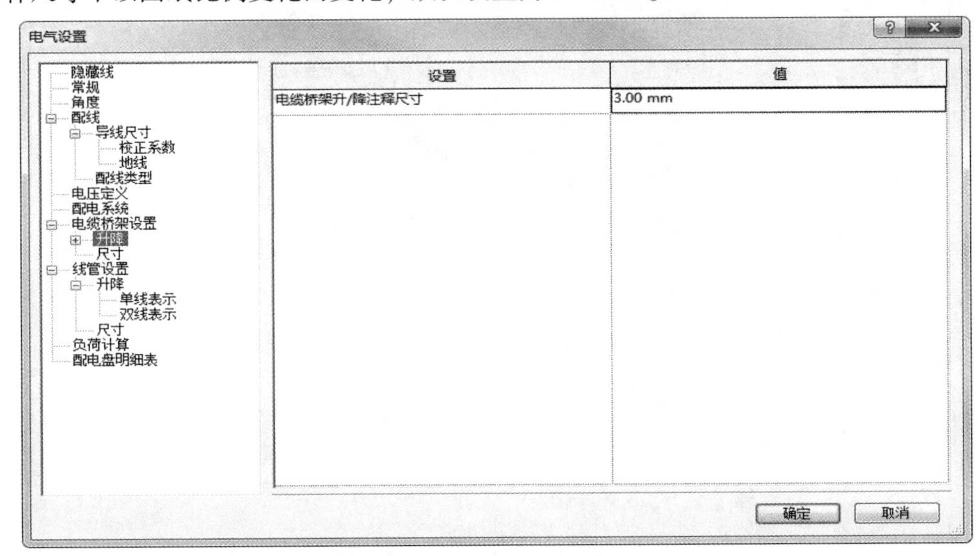

图 2-122　设置电缆桥架的“升降”和“尺寸”

2）在左侧面板中，展开“升降”，选择“单线表示”选项，可以在右侧面板中定义在单线图纸中显示的升符号、降符号，单击相应“值”列并单击“确定”按钮，在弹出的“选择符号”对话框中选择相应符号，如图 2-123（a）所示。使用同样的方法设置“双线表示”，定义在双线图纸中显示的升符号、降符号，如图 2-123（b）所示。

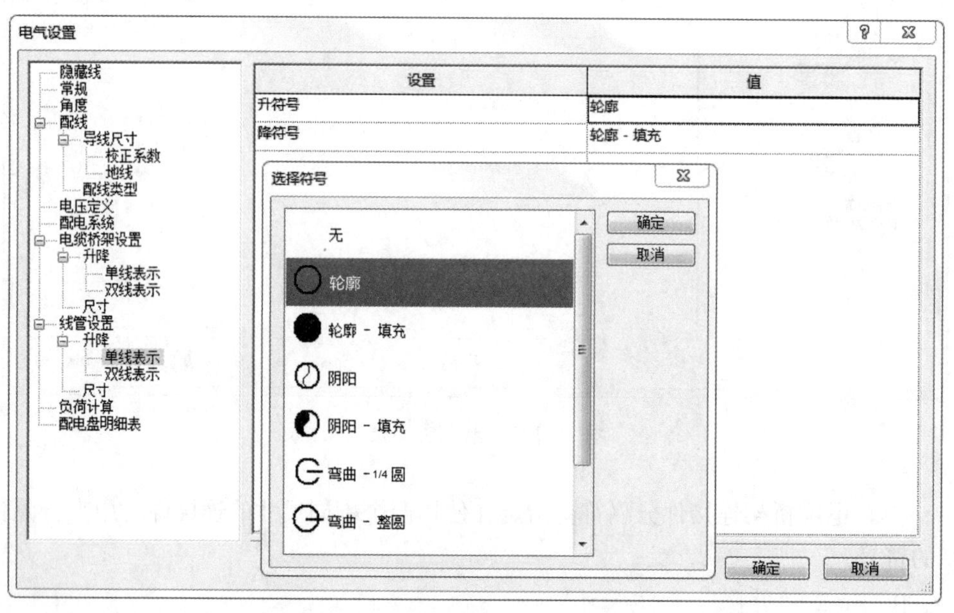

(a)

(b)

图 2-123　升降的单、双线表示设置

（a）单线表示；（b）双线表示

（2）尺寸。选择“尺寸”选项，右侧面板会显示可在项目中使用的电缆桥架尺寸列表，在表中可以编辑当前项目文件中的电缆桥架尺寸，如图 2-124 所示。在尺寸列表中，在某个特定尺寸右侧勾选“用于尺寸列表”，表示在整个 Revit 的电缆桥架尺寸列表中显示所选尺寸，如果不勾选，该尺寸将不会出现在下拉列表中，如图 2-125 所示。

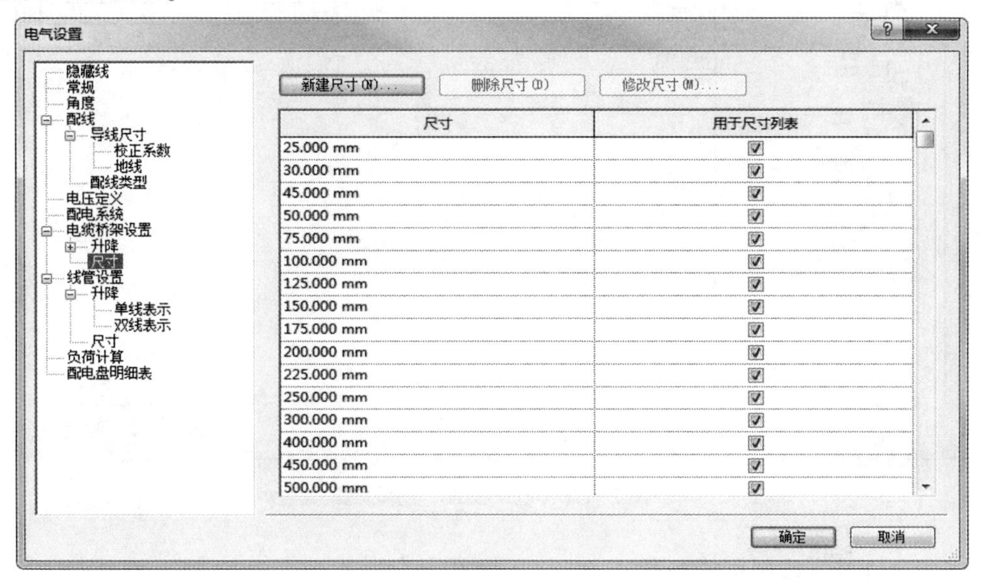

图 2-124　电缆桥架尺寸设置

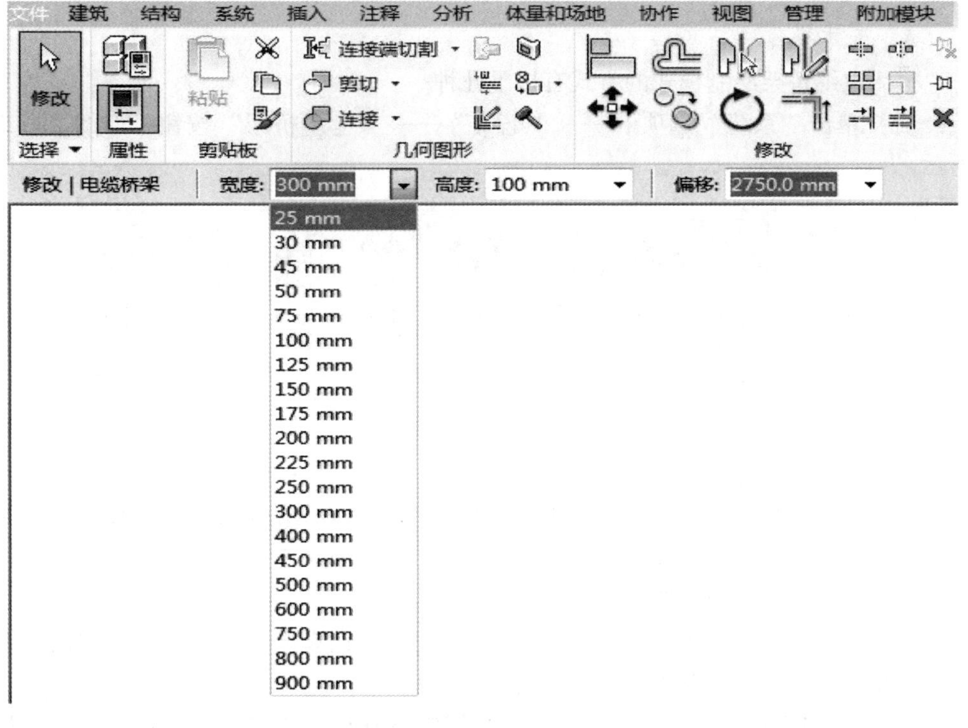

图 2-125　电缆桥架尺寸设置后绘图区尺寸列表显示

此外，“电气设置”还有一个公共选项“隐藏线”（见图 2-126），用于设置图元间交叉、发生遮挡关系时的显示。它与“机械设置”的“隐藏线”是同一设置。

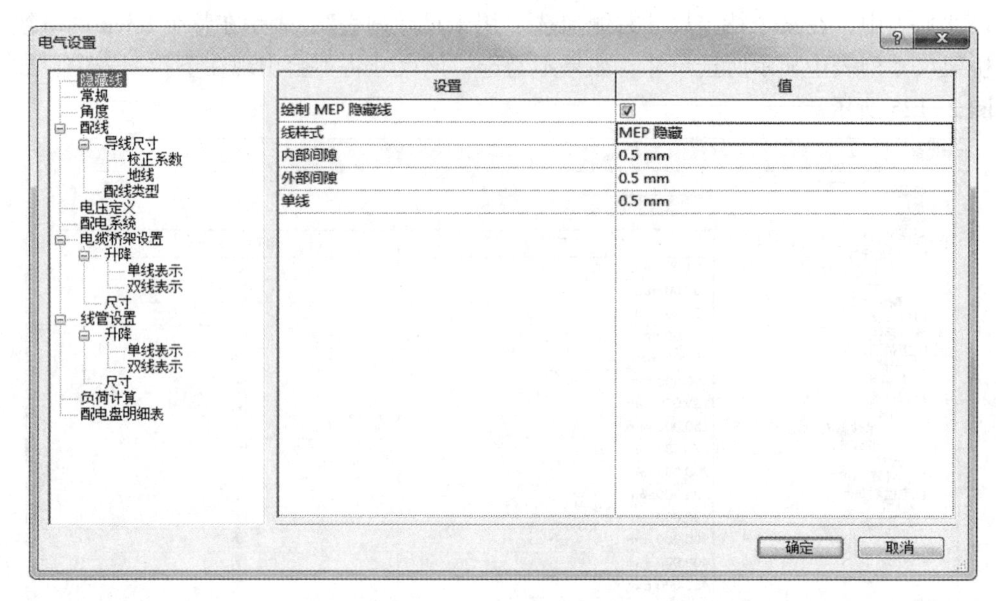

图 2-126　电气设置“隐藏线”

2.4.1.4　绘制电缆桥架

在平面图、立面图、剖面图和三维视图中均可绘制水平、垂直和倾斜的电缆桥架。

A　基本操作

进入电缆桥架绘制模式的方式有以下几种。

（1）单击“系统”选项卡⟶“电气”⟶“电缆桥架”按钮，如图 2-127 所示。

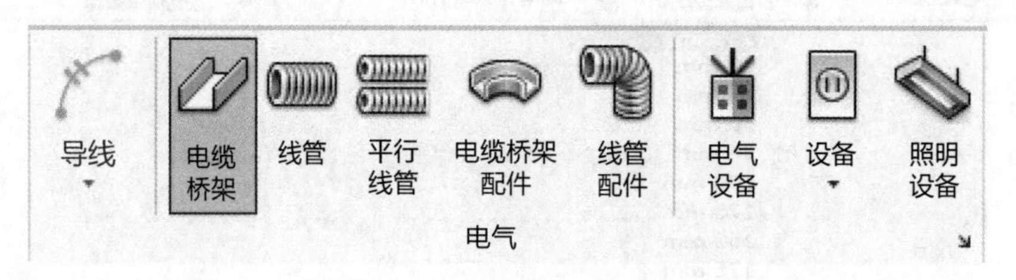

图 2-127　电缆桥架按钮

（2）选中绘图区已布置构件族的电缆桥架连接件，单击鼠标右键，在弹出的快捷键菜单中选择“绘制电缆桥架”命令，或使用快捷键 CT。

绘制电缆桥架的步骤如下。

1）选中电缆桥架类型。在电缆桥架“属性”对话框中选中所需要绘制的电缆桥架类型。扫码查看电缆桥架绘制界面。

2）选择电缆桥架尺寸。在“修改 | 放置电缆桥架”选项栏的“宽度”下拉列

表中选择电缆桥架尺寸，也可以直接输入欲绘制的尺寸。如果在下拉列表中没有该尺寸，系统将自动选中和输入尺寸最接近的尺寸。使用同样的方法设置“高度”。

3）指定电缆桥架偏移。默认“偏移量”是指电缆桥架中心线相对于当前平面标高的距离。在“偏移量”下拉列表中，可以选择项目中已经用到的偏移量，也可以直接输入自定义的偏移量数值，默认单位为 mm。

4）指定电缆桥架起点和终点。在绘图区域中单击即可指定电缆桥架起点，移动至终点位置再次单击，完成一段电缆桥架的绘制，可继续移动鼠标绘制下一段。在绘制过程中，根据绘制路线，在“类型属性”对话框中预设好的电缆桥架管件将自动添加到电缆桥架中。绘制完成后，按<Esc>键，或者单击鼠标右键，在弹出的快捷键菜单中选择“取消”命令退出电缆桥架绘制。垂直电缆桥架可在立面视图或剖面视图中直接绘制，也可以在平面视图中绘制，在选项栏上改变将要绘制下一段水平桥架的“偏移量”，就能自动连接出一段垂直桥架。

B　电缆桥架对正

在平面视图和三维视图中绘制管道时，可以通过“修改｜放置电缆桥架”选项卡中放置工具对话框的“对正”按钮，指定电缆桥架的对齐方式。单击“对正”按钮，弹出“对正设置”对话框。扫码查看电缆桥架对正设置界面。

（1）水平对正：用来指定当前视图下相邻两段管道之间水平对齐方式。“水平对正”方式有“中心”“左”和“右”。

“水平对正”后的效果还与绘制方向有关，如果自左向右绘制，选择不同“水平对正”方式的绘制效果如图 2-128 所示。

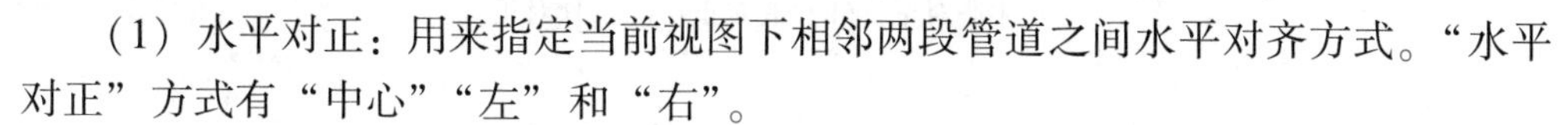

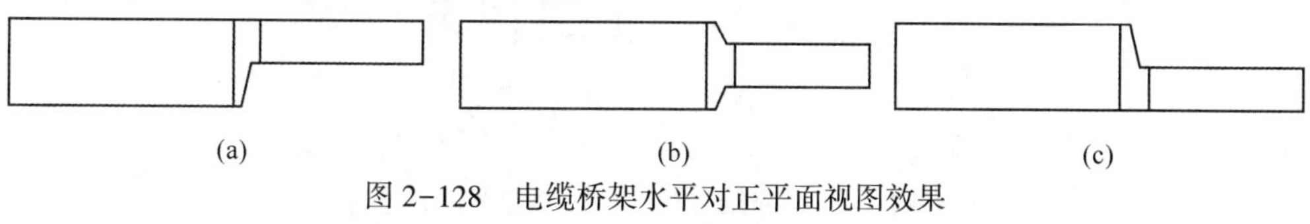

图 2-128　电缆桥架水平对正平面视图效果

（a）左对正；（b）中心对正；（c）右对正

（2）水平偏移：用于指定绘制起点位置与实际绘制位置之间的偏移距离。该功能多用于指定电缆桥架和前面提及的其他参考图元之间的水平偏移距离。比如设置“水平偏移”值为 500mm 后，捕捉墙体中心线绘制宽度为 100mm 的电缆桥架直段，这样实际绘制位置是按照“水平偏移”值偏移墙体中心线的位置。同时，该距离还与“水平对齐”方式及绘制方向有关，如果自左向右绘制电缆桥架，三种不同的水平对正方式下电缆桥架中心线到墙中心线的距离标注如图 2-129 所示。

（3）垂直对正：用来指定当前视图下相邻段之间垂直对齐方式。“垂直对正”方式有“中”“底”“顶”。“垂直对正”的设置会影响“偏移量”，如图 2-130 所示。当默认偏移量为 100mm 时，高度为 100mm 的电缆桥架直段，设置不同的“垂直对正”方式，绘制完成后的管道偏移量（即管道中心标高）会发生变化。

另外，电缆桥架绘制完成后，可以使用“对正”命令修改对齐方式。选中需要修改的电缆桥架，单击功能区中的“对正”按钮，进入“对正编辑器”，选中需要的对齐方式和对齐方向，单击“完成”按钮，如图 2-131 所示。

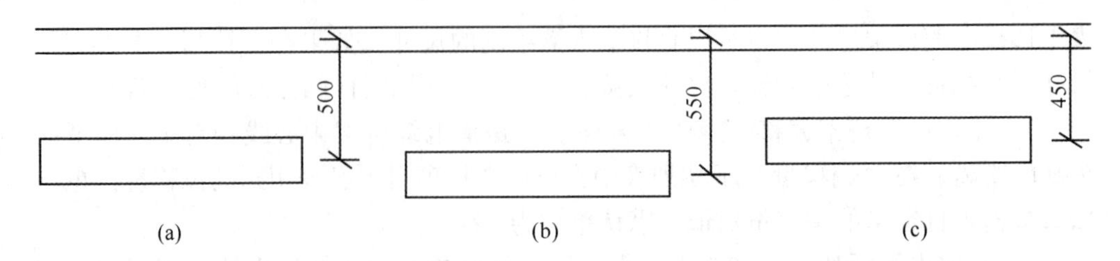

图 2-129　电缆桥架水平偏移平面视图效果

(a) 中心对正；(b) 左对正；(c) 右对正

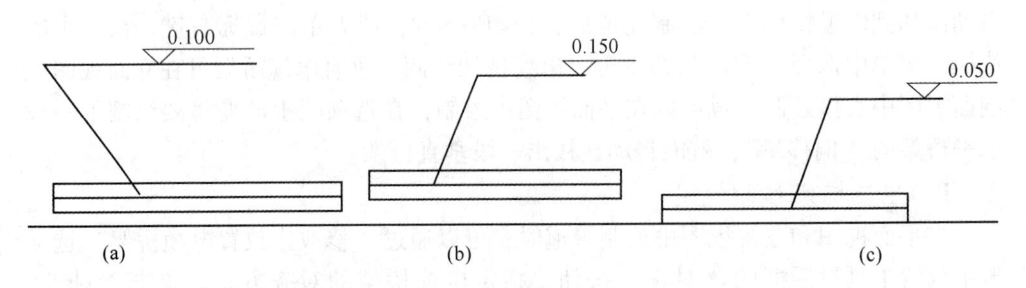

图 2-130　电缆桥架垂直对正立面视图效果

(a) 中心对正；(b) 底对正；(c) 顶对正

图 2-131　电缆桥架对正编辑器

C　自动连接

在“修改｜放置电缆桥架”选项卡中有“自动连接”选项。扫码查看电缆桥架自动连接界面。默认情况下，该选项处于选中状态。

选中与否将决定绘制电缆桥架时是否自动连接到相交电缆桥架上，并生成电缆桥架配件。当选中“自动连接”时，在两直段相交位置自动生成四通；如果不选中，则不生成电缆桥架配件，两种方式如图 2-132 所示。

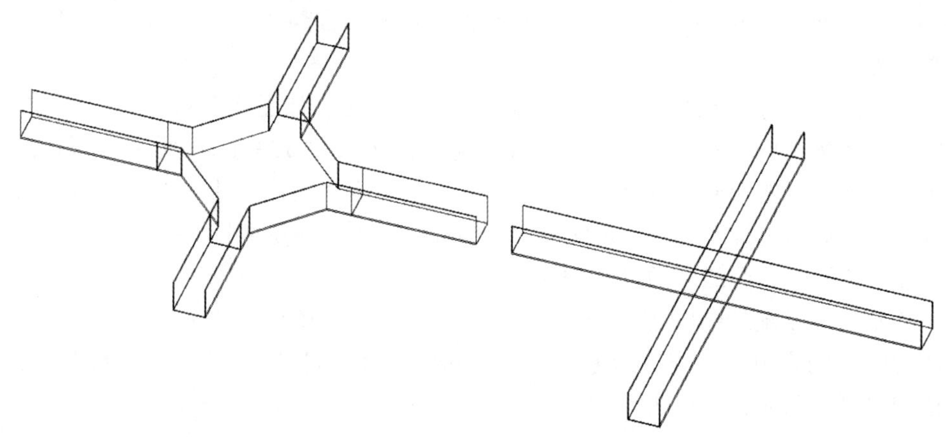

图 2-132 自动连接与不自动连接

D 电缆桥架配件放置和编辑

电缆桥架连接中要使用电缆桥架配件。下面将介绍绘制电缆桥架时配件族的使用。

（1）放置配件。在平面图、立面图、剖面图和三维视图中都可以放置电缆桥架配件。放置电缆桥架配件的方法如下。

1）自动添加。自动添加在绘制电缆桥架过程中自动加载的配件需在“电缆桥架类型”中的“管件”参数中指定。

2）手动添加。手动添加是在“修改｜放置电缆桥架配件”模式下进行的。进入“修改｜放置电缆桥架配件”有以下两种方式。

①单击“系统”选项卡⟶“电气”⟶“电缆桥架配件”按钮。扫码查看电缆桥架配件放置和编辑界面。

②在项目浏览器中展开“族”⟶“电缆桥架配件”，将“电缆桥架配件”下的族直接拖到绘图区域，或使用快捷键 TF。

（2）编辑电缆桥架配件在绘图区域中单击桥架配件后，周围会显示一组控制柄，可用于修改尺寸、调整方向和进行升级或降级，如图 2-133 所示。

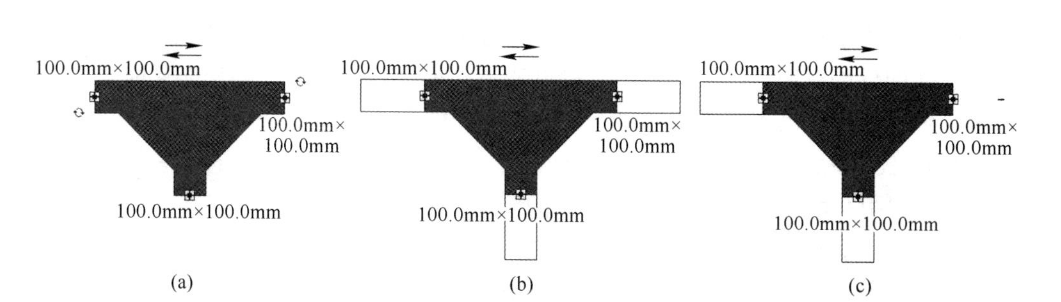

图 2-133 电缆桥架配件编辑

在配件的所有连接件都没有连接时，可单击尺寸标注改变宽度和高度，如图

2-133（a）所示。单击⇆符号可以实现配件水平或垂直翻转 180°。单击↻符号可以旋转配件。

如果配件的旁边出现加号，表示可以升级该配件，如图 2-133（b）所示；如果配件的旁边出现减号，表示可以降级该配件，如图 2-133（c）所示。例如，带有未使用连接件的四通可以降级为 T 形三通；带有未使用连接件的 T 形三通可以降级为弯头。如果配件上有多个未使用的连接件，则不会显示加号、减号。

E　带配件和无配件的电缆桥架

绘制的“带配件的电缆桥架”和“无配件的电缆桥架”在功能上是不同的。图 2-134 分别为用“带配件的电缆桥架”和用“无配件的电缆桥架”绘制出的电缆桥架，可以明显看出这两者区别。

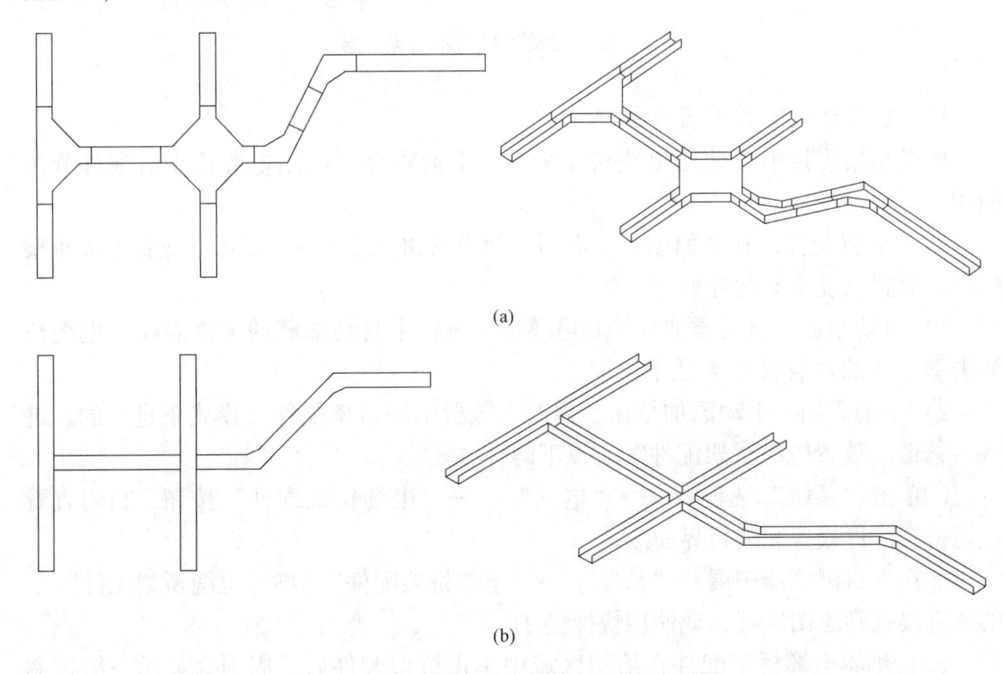

图 2-134　电缆桥架
（a）带配件；（b）无配件

绘制“带配件的电缆桥架”时，桥架直段和配件间由分隔线分为各自的几段。绘制“无配件的电缆桥架”时，转弯处和直段之间并没有分隔，桥架交叉时自动被打断，桥架分支时也是直接相连而不插入任何配件。

2.4.1.5　电缆桥架显示

在视图中，电缆桥架模型根据不同的“详细程度”显示，可通过“视图控制栏”的“详细程度”按钮，切换“粗略”“中等”“精细”三种粗细程度。

（1）精细：默认显示电缆桥架实际模型。

（2）中等：默认显示电缆桥架最外面的方形轮廓（2D 时为双线，3D 时为长方体）。

（3）粗略：默认值显示电缆桥架的单线。

以梯形电缆桥架为例，“精细”“中等”“粗略”视图显示的对比见表 2-3。

表 2-3 电缆桥架显示详细程度对照表

详细程度	2D	3D
精细		
中等		
粗略		

在创建电缆桥架配件相关族时，应注意配合电缆桥架显示特性，确保整个电缆桥架管路显示协调一致。

2.4.2 线管

2.4.2.1 线管类型

和电缆桥架一样，Revit 的线管也提供了两种线管管路形式，分别为无配件的线管和带配件的线管，如图 2-135 所示。Revit 提供的“Systems _Default _CHSCHS. rte”和“Electrical _Default _CHSCHS. rte”项目样板文件中，为这两种系统族分别默认配置了两种线管类型，分别为“刚性非金属导管（RNC Sch40）”和“刚性非金属导管（RNC Sch80）”。同时，用户可以自行添加定义线管类型。

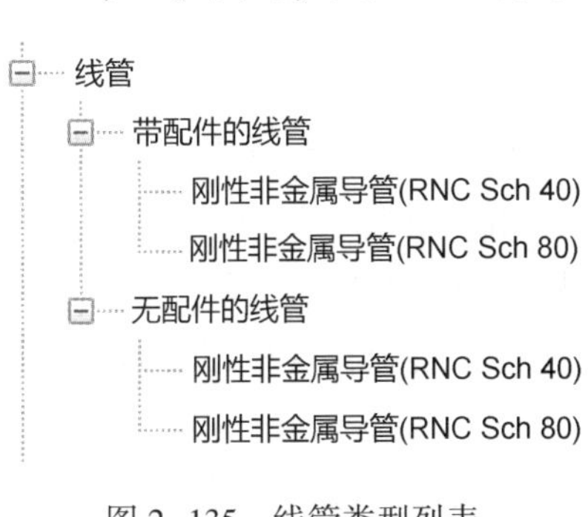

图 2-135 线管类型列表

添加或编辑线管的类型，可以单击“系统”选项卡——→“线管”按钮，在右侧出现的“属性”对话框中单击“编辑类型”按钮，弹出“类型属性”对话框，如图 2-136 所示。对“管件”中需要的各种配件的族进行载入。

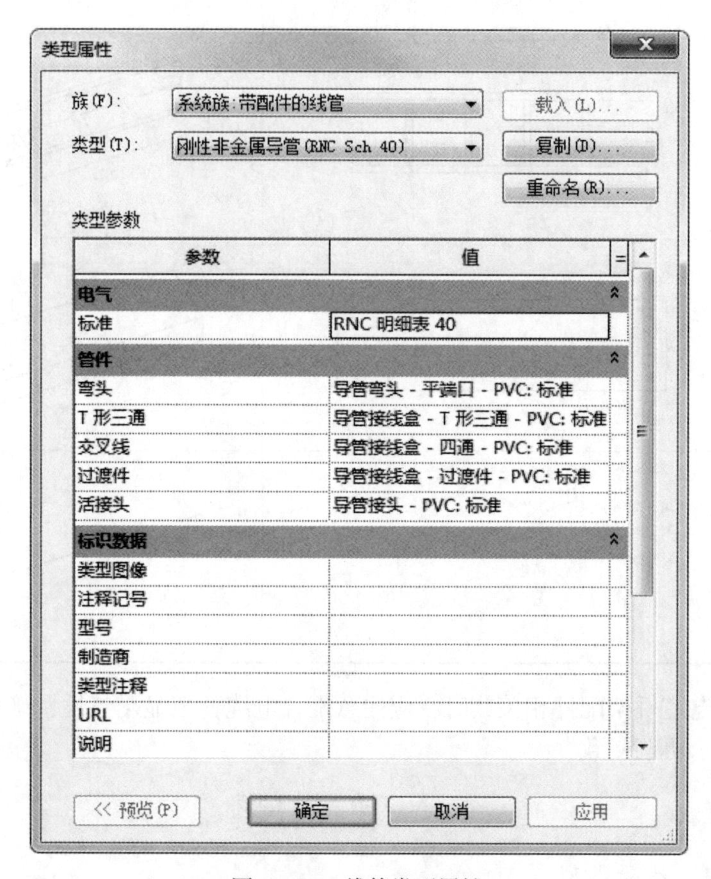

图 2-136　线管类型属性

（1）标准：通过选择标准决定线管所采用的尺寸列表，与“电气设置”——→“线管设置”——→“尺寸”中的“标准”参数相对应。

（2）管件：管件配置参数用于指定与线管类型配套的管件。通过这些参数可以配置在线管绘制过程中自动生成的线管配件。

2.4.2.2　线管设置

根据项目对线管进行设置。在“电气设置”对话框中定义“电缆桥架设置”。单击“管理”选项卡——→“MEP 设置”下拉列表——→“电气设置”按钮，在“电气设置”对话框的左侧面板中展开“线管设置”，如图 2-137 所示。

线管的基本设置和电缆桥架类似，这里不再赘述。但线管的尺寸设置略有不同，下面将着重介绍。

选择“线管设置”——→“尺寸”选项（见图 2-138），在右侧面板中就可以设置线管尺寸。

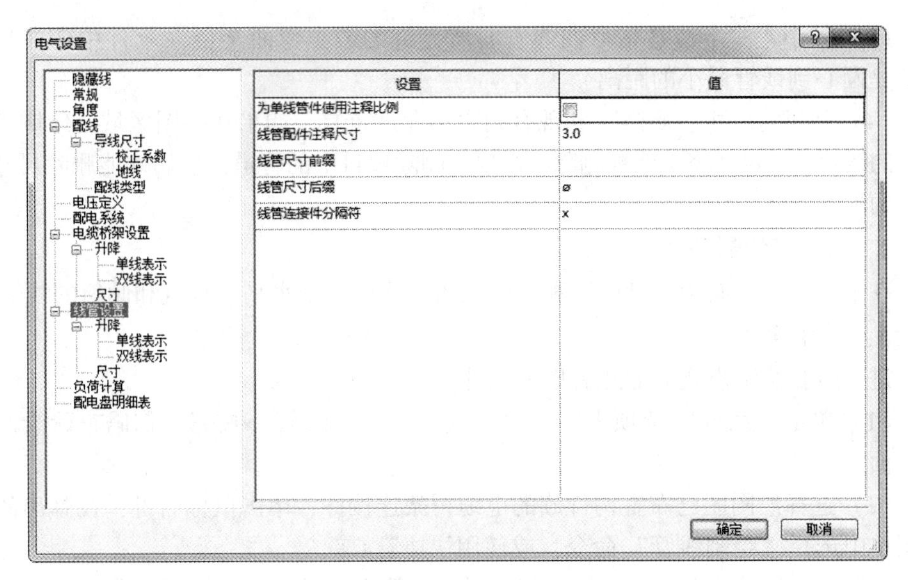

图 2-137　线管的电气设置

电气设置

标准：EMT

新建尺寸(N)...　删除尺寸(D)　修改尺寸(M)...

规格	ID	OD	最小弯曲半径	用于尺寸列表
16.000 mm	15.800 mm	17.930 mm	110.570 mm	☑
21.000 mm	20.930 mm	23.420 mm	126.010 mm	☑
27.000 mm	26.640 mm	29.540 mm	160.820 mm	☑
35.000 mm	30.050 mm	38.350 mm	203.330 mm	☑
41.000 mm	40.890 mm	44.200 mm	231.650 mm	☑
53.000 mm	52.500 mm	55.800 mm	269.200 mm	☑
63.000 mm	69.370 mm	73.030 mm	303.220 mm	☑
78.000 mm	85.240 mm	88.900 mm	374.650 mm	☑
91.000 mm	97.380 mm	101.600 mm	431.800 mm	☑
103.000 mm	110.080 mm	114.300 mm	463.550 mm	☑

图 2-138　线管电气设置中的尺寸设置

在右侧面板的“标准”下拉列表中，可以选择要编辑的标准，单击“新建尺寸”“删除尺寸”按钮可创建或删除当前尺寸列表。

目前，Revit 软件自带的项目模板“Systems _Default _CHSCHS. rte”和“Electrical _Default _CHSCHS. rte”中线管尺寸默认创建了五种标准，分别为 RNC Schedule 40、RNC Schedule 80、EMT、RMC 和 IMC。其中，RNC（Rigid Nonmetallic Conduit，非金属刚性导管）包括“规格 40”和“规格 80”PVC 两种尺寸。然后，在当前尺寸列表中，可以通过新建尺寸、删除尺寸、修改尺寸来编辑尺寸。

（1）ID 表示线管的内径。

（2）OD 表示线管的外径。

（3）最小弯曲半径是指弯曲线管时所允许的最小弯曲半径（软件中弯曲半径指的是圆心到线管最小的距离）。

（4）新建的尺寸“规格”和现有列表不允许重复。如果在绘图区域已绘制了某尺寸的线管，该尺寸将不能被删除，需要先删除项目中的管道，然后才能删除尺寸列表中的尺寸。

2.4.2.3　绘制线管

在平面图、立面图、剖面图和三维视图中均可绘制水平、垂直和倾斜的线管。

A　基本操作

进入线管绘制模式的方式有以下几种。

（1）单击“系统”选项卡⟶“电气”⟶“线管”按钮。扫码查看绘制线管界面。

（2）选择绘图区已布置构件族的电缆桥架连接件，单击鼠标右键，在弹出的快捷菜单中选择“绘制线管”命令，或使用快捷键 CN。

绘制线管的具体布置与电缆桥架、风管、管道均类似，此处不再赘述。

B　带配件和无配件的线管

线管也分为“带配件的线管”和“无配件的线管”，绘制时要注意这两者的区别。“带配件的线管”和“无配件的线管”显示对比分别如图 2-139（a）和（b）所示。

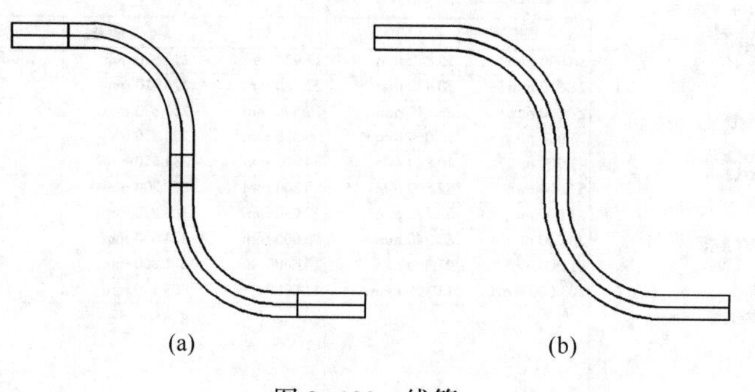

图 2-139　线管
（a）带配件；（b）无配件

2.4.2.4　“表面连接”绘制线管

“表面连接”是针对线管创建的一个全新功能。通过在族的模型表面添加“表面连接件”，在项目中实现从该表面的任意位置绘制一根或多根线管。以一根变压器为例，如图 2-140 所示，在其上表面、左或右表面和后表面都添加了“线管表面连接件”。

如图 2-141 所示，用鼠标右键单击某一表面连接件，在弹出的快捷菜单中选择“从面绘制线管”命令，进入编辑界面（见图 2-142），可以随意修改线管在这个面上的位置，单击“完成连接”按钮，即可从这个面的某一位置引出线管。使用同样的方法可以从其他面引出多路线管，如图 2-143 所示。类似地，还可以在楼层平面中，选择立面方向的“线管表面连接件”选项来绘制线管，如图 2-144 所示。

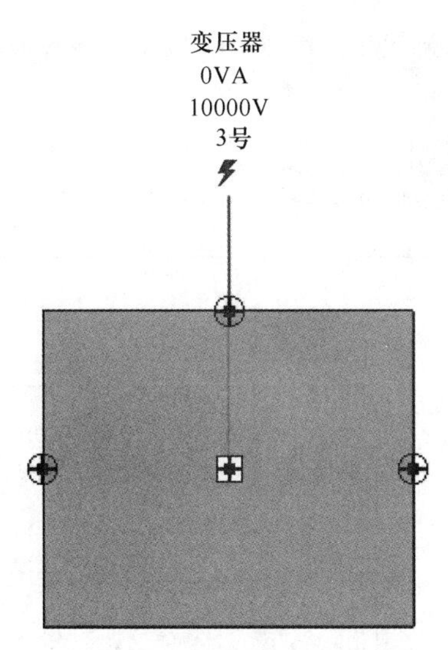

图 2-140　“表面连接”绘制线管

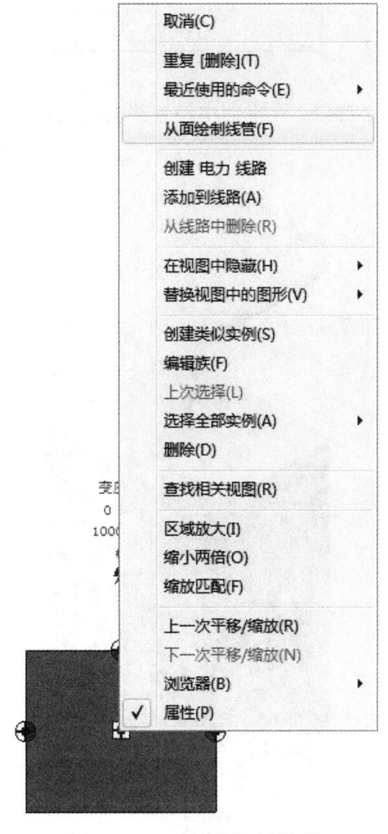

图 2-141　右键绘制线管

2.4.2.5　线管显示

Revit 视图可以通过视图控制栏设置“粗略”“中等”“精细”三种详细程度，线管在这三种详细程度下的默认显示如下。

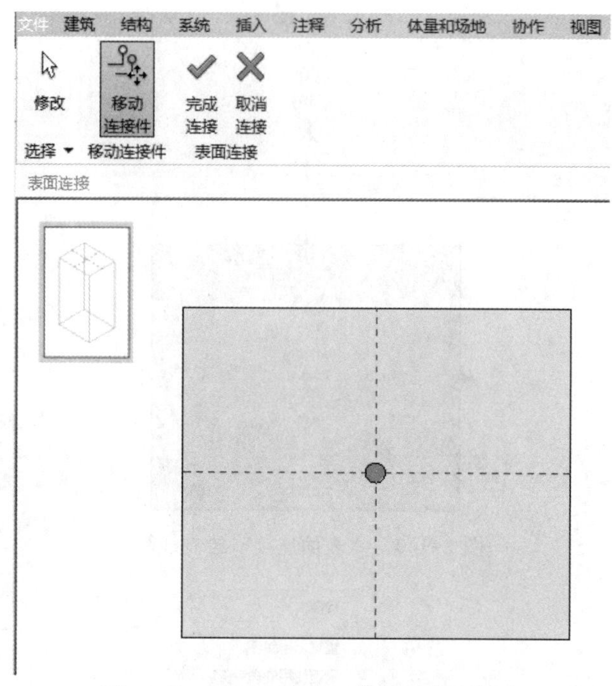

图 2-142　在平面中设置线管连接件位置

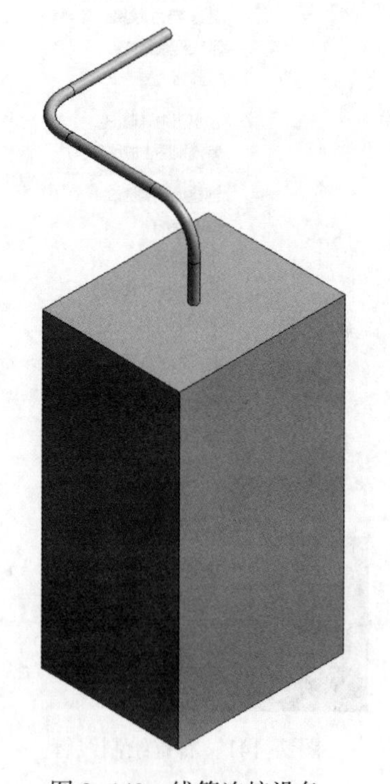

图 2-143　线管连接设备

（1）粗略和中等视图下线管默认为单线显示。

（2）精细视图下为双线显示，即线管的实际模型。

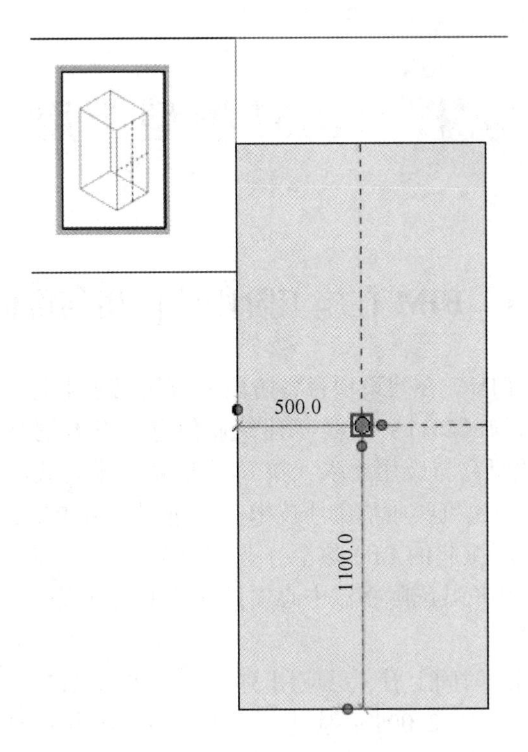

图 2-144 在立面中设置线管连接件位置

在创建线管配件等相关族时，应注意配合线管显示特性，确保线管管路显示协调一致。

3 BIM 模型应用

3.1 BIM 在施工阶段的作用与价值

建筑信息模型（BIM）在建设项目各阶段的应用已越来越广泛，中华人民共和国住房和城乡建设部的《2011—2015 年建筑业信息化发展纲要》中明确了在施工阶段开展 BIM 技术的研究与应用要求，拉开了 BIM 技术在我国施工企业全面推进的序幕。BIM 技术作为建筑产业革命性技术，其应用价值越来越为设计、业主、施工单位重视。随着全国掀起的 BIM 热潮，业主对 BIM 认识与认可度越来越高，比如上海中心项目、深圳长城国际物流中心项目等把施工过程中应用 BIM 技术作为必要条件写进招标合同。

从企业 BIM 应用的时间上看，已应用 3~5 年的比例最高，达到 31.57%；其次是应用 1~2 年的企业，占 22.00%；应用不到 1 年的企业占 19.35%；已应用 5 年以上的企业有 18.55%，如图 3-1 所示。从不同类企业上看，有企业资质越高，BIM 技术应用时间越长的趋势。其中，特级企业 BIM 的应用时间明显长于其他类型企业，特级企业应用时间超过 3 年的比例已超过半数，高达 64.55%。

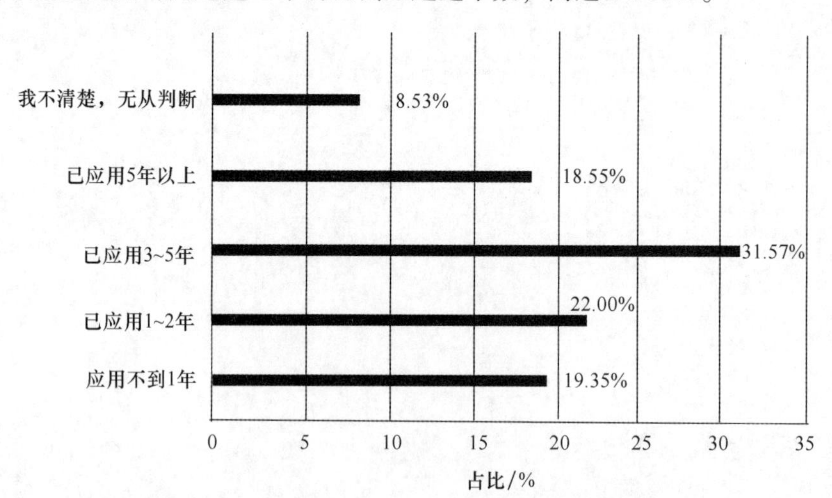

图 3-1 2019 年施工企业 BIM 技术应用年限分布

BIM 作为塑造建筑业新业态的核心技术之一，在我国已经经过了十余年的快速发展。着眼全球，现在我国的 BIM 技术发展水平在诸多方面已经由当初的“跟跑”发展到现在的“并跑”，甚至到“领跑”的阶段。在当前复杂的国际形势以及我国新常态的经济发展背景下，推动 BIM 技术发展应建立以企业为主体、市场为导向、政府引导并服务市场，产、学、研深度融合的技术创新体系。

3.1.1　BIM 可视化、参数化

3.1.1.1　三维可视化

传统的平面设计成果为一张张的平面图，并不直观，工程中的综合管线只有等工程完工后才能呈现出来，而采用三维可视化的 BIM 技术却可以使工程完工后的状貌在施工前就呈现出来，表达上直观清楚。模型均按真实尺度建模，传统予以省略的部分（如管道保温层等）均得以展现，从而将一些看上去没问题，而实际上却存在的深层次问题暴露出来。扫码查看平面图与三维图实际对比图，三维模型与现场实际对比，如图 3-2 所示。

图 3-2　三维模型与现场实际对比

3.1.1.2　可视化交底

BIM 技术改变了传统的蓝图技术交底模式，采用三维模型进行可视化技术交底，便于施工人员清晰直观地对将要施工的内容有精准的掌握；同时，通过可视化预演提升施工组织效率。扫码查看上海中心大厦可视化施工预演图。

3.1.1.3　参数化

在机电系统安装过程中，管线综合平衡设计以及精装修调整会将部分管线的行进路线进行调整，由此增加或减少了部分管线的长度和弯头数量，这就会对原有的系统参数产生影响。传统深化设计过程中系统参数复核计算是拿着二维平面图在算，平面图与实际安装好的系统几乎都有较大的差别，导致计算结果不准确，偏大则会造成建设费用和能源的浪费，偏小则会造成系统不能正常工作。运用 BIM 技术后，绘制好机电系统的模型，接下来只需单击几下鼠标就可以让 BIM 软件自动完成复杂的计算工作。模型如有变化，计算结果也会关联更新，从而为设备参数的选型提供正确的依据。

3.1.2　BIM 可出图性

3.1.2.1　BIM 构件加工详图

通过 BIM 模型对建筑构件的信息化表达，可在 BIM 模型上直接生成构件加工图。这不仅能清楚地传达传统图纸的二维关系，而且对于复杂的空间剖面关系也可以清楚表达，同时还能够将分散的二维图纸信息集中到一个模型当中，这样的模型能够更加紧密地实现与预制工厂的协同和对接。

BIM 模型可以完成构件加工、制作图纸的深化设计。比如利用 Tekla Structures 等深化设计软件真实模拟进行结构深化设计，通过软件自带功能将所有加工详图（包括布置图、构件图、零件图等）利用三视图原理进行投影、剖面生成深化图纸，图纸上的所有尺寸，包括构件长度、断面尺寸、杆件相交角度均是在杆件模型上直接投影产生。扫码查看 Tekla 模型详节点图。

3.1.2.2　BIM 深化设计图

随着建筑物规模和使用功能复杂程度的增加，无论设计企业还是施工企业，甚至是业主对机电管线综合的要求愈加强烈。在 CAD 时代设计企业主要由建筑或者机电专业牵头，所有图纸打印成硫酸图，然后各专业将图纸合在一起进行管线综合。由于二维图纸的信息缺失以及缺少直观的交流平台，导致管线综合成为建筑施工前让业主最不放心的技术环节。利用 BIM 技术，通过搭建各专业的 BIM 模型，深化设计师能够在虚拟的三维环境下方便地发现设计中的碰撞冲突，从而大大提高了管线综合设计能力和工作效率，如图 3-3 所示。这不仅能及时排除项目施工环节中可能遇到的碰撞和冲突，还能大大提高施工现场的生产效率，降低由于施工协调造成的成本增长和工期延误。

图 3-3　BIM 三维模型

A　管综主要依据

（1）业主提供的初步设计图或施工图。

（2）合同文件中的设备明细表。

（3）业主招标过程中对承包方的技术答疑回复。

（4）相关国家及行业规范。

B 管线综合的设计原则

在对建筑管线进行科学的综合布置时，首先要根据各管线系统的性能和用途的不同来实施布置。目前建筑物中的管线工程大体可分为以下几类：

(1) 给水管道，包括生活给水、消防给水、工业和生产用水等；

(2) 排水管道，包括生产和生活污水、生产和生活废水、屋面雨水、其他排水等；

(3) 热力管道，包括采暖、热水供应及空调空气处理中所需的蒸汽或热水；

(4) 燃气管道，有气体燃料、液体燃料之分；

(5) 空气管道，包括通风工程、空调系统中的各类风管，以及某些生产设备所需的压缩空气、负压吸引管等；

(6) 供配电线路或电缆，包括动力配电、电气照明配电、弱电系统配电等，其中弱电系统包括公用电视天线、通信、广播及火灾报警系统等。

C 深化设计的目的

(1) 合理布置各专业管线，最大限度地增加建筑空间使用率，减少由于管线冲突造成的二次施工。

(2) 综合协调机房及各楼层平面区域或吊顶内各专业的路由，确保在有效的空间内合理布置各专业的管线，以保证吊顶的高度，同时保证机电各专业的有序施工。综合排布机房及各楼层平面区域内机电各专业管线，协调机电与土建、精装修专业的施工冲突。

(3) 确定管线和预留洞的精确定位，减少对结构施工的影响，弥补原设计不足，减少因此造成的各种损失。核对各种设备的性能参数提出完善的设备清单，并核定各种设备的订货技术要求，便于采购部门的采购。同时，数据传达给设计以检查设备基础、支吊架是否符合要求，协助结构设计绘制大型设备基础图。

(4) 合理布置各专业机房的设备位置，保证设备的运行维修、安装等工作有足够的平面空间和垂直空间。综合协调竖向管井的管线布置，使管线的安装工作顺利地完成，并能保证有足够多的空间完成各种管线的检修和更换工作。

(5) 完成竣工图的制作，及时收集和整理施工图的各种变更通知单。在施工完成后，绘制出完成的竣工图，保证竣工图具有完整性和真实性。

以某宝马总装车间项目为例，由于工程工期紧，任务重，设计院出图周期短，甲方净高要求较高等一系列问题。该项目若采用传统方式施工，返工率将极高。施工方根据图纸建立 BIM 安装的模型，在综合各系统之间关系的前提下，尽量紧密地排列管线，对于不满足净高要求的地方，给设计院提出建议做了修改，并通过管综找出许多设计中出现的问题，及时反馈给设计院，避免了返工。最后通过 BIM 模型对复杂节点及复杂节点的支吊架进行设计，保证施工质量和科学性，如图 3-4 所示。

3.1.2.3 土建结构深化设计图

基于 BIM 模型对土建结构部分，包括土建结构与门窗等构件、预留洞口、预埋件位置及各复杂部位等施工图纸进行深化，对关键复杂墙板进行拆分，解决钢筋绑扎、顺序问题，能够指导现场钢筋绑扎施工，减少在工程施工阶段可能存在的错误损失和返工的可能性。

图 3-4　碰撞及其二次优化设计后对照图

同时，应用 BIM 技术对现场的砌体进行自动排布，生成对应墙体的砌块排布图，导出砌块材料需求表，根据排布的砌块规格进行现场集中加工定尺砌块或工厂化加工定制，以精确控制砌体的材料用量，减少材料浪费并缩短施工时间，如图 3-5所示。

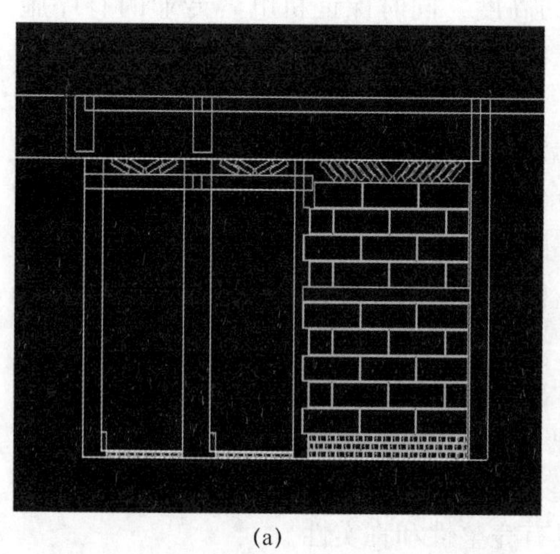

(a)

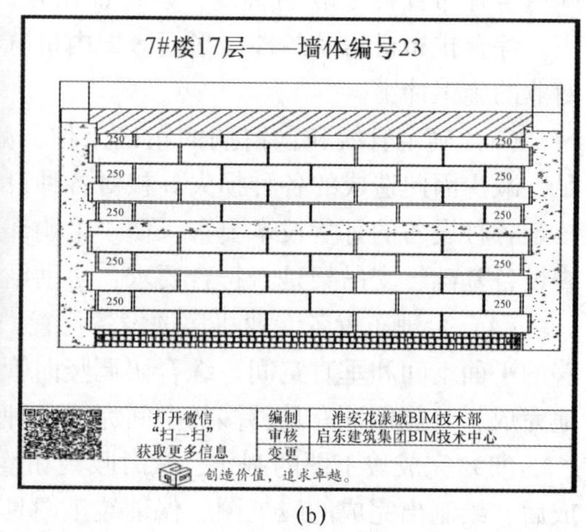

(b)

图 3-5　墙体砌块排布图

(a) 自动排布效率提高 10 倍；(b) 二维码跟踪闭环

3.1.2.4　钢结构深化设计图

钢结构 BIM 三维实体建模出图进行深化设计的过程，其本质就是进行电脑预拼装，实现“所见即所得”的过程。首先，所有的构件、节点连接、螺栓焊缝、混凝土梁柱等信息都通过三维实体建模进入整体模型，整体模型与以后实际建造的建筑完全一致；其次，所有加工详图（包括布置图、构件图、零件图等）均是利用三视图原理投影生成，图纸中所有尺寸，包括杆件长度、断面尺寸杆件相交角度等均是从三维实体模型上直接投影产生。扫码查看连接节点、构造安装图。

3.1.2.5 玻璃幕墙深化设计图

玻璃幕墙深化设计主要是对于整幢建筑的幕墙的收口部位进行细化补充设计，优化设计，以及对局部不安全不合理的地方进行改正。

基于 BIM 技术根据建筑设计的幕墙二维节点图，在结构模型以及幕墙表皮模型中间创建不同节点的模型；然后根据碰撞检查、设计规范及外观要求对节点进行优化调整，形成完善的节点模型；最后，根据节点进行大面积建模。通过最终深化完成的幕墙模型，生成加工图、施工图以及物料清单。加工厂将模型生成的加工图直接导入数控机床进行加工，构件尺寸与设计尺寸基本吻合，加工后根据物料清单对构件进行编号，构件运至现场后可直接对应编号进行安装。某工程幕墙深化设计如图 3-6 所示。

图 3-6 幕墙深化设计图

3.1.3 BIM 工程进度管控

建筑施工是一个高度动态和复杂的过程，当前建筑工程项目管理中经常用于表示进度计划的网络计划，由于专业性强、可视化程度低，无法清晰描述施工进度以及各种复杂关系，难以形象表达工程施工的动态变化过程。

在具体实施过程中进度计划往往不能得到准确的执行，主要的原因见表 3-1。

表 3-1 传统进度计划管理缺陷

序号	主要原因	具体问题	后 果
1	施工图纸原因	首先，通常一个工程项目的整套图纸少则几十张，多则成百上千张，图纸所包含的数据庞大，而设计者和审图者的精力有限，存在错误是必然的；其次，项目各个专业的设计工作是独立完成的，导致各专业的二维图纸所表现的内容在空间上很容易出现碰撞和矛盾	如果上述问题没有提前发现，直到施工阶段才显露出来，势必会对工程项目的进度产生影响

续表 3-1

序号	主要原因	具体问题	后　果
2	管理组织及人员原因	工程项目进度计划的编制很大程度上依赖于项目管理者的经验，虽然有施工合同、进度目标、施工方案等客观条件的支撑，但是项目的唯一性和个人经验的主观性难免会使进度计划存在不合理之处，并且现行的编制方法和工具相对比较抽象，不易对进度计划进行检查	一旦计划出了问题，那么按照计划所进行的施工过程必然也不会顺利
3	参与方沟通和衔接不畅	由于专业不同，施工方与业主及供货商的信息沟通不充分、不彻底，业主的资金计划、供货商的材料供应计划与施工进度不匹配	如果没有一个详细的资金、材料使用计划，或者计划与施工进度不匹配，施工必然也不会顺利
4	施工环境影响	工程项目既受当地地质条件、气候特征等自然环境的影响，又受到交通设施、区域位置、供水供电等社会环境的影响	项目实施过程中任何不利的环境因素都有可能对项目进度产生严重影响

因此，必须在项目的开始阶段就充分考虑到这些因素的影响结果，并提出相应的应对措施。

建筑业项目管理效率低下的主要原因之一是信息传递不流畅，造成信息丢失。通过将 BIM 与施工进度计划相链接，将空间信息与时间信息整合在一个可视的 4D（3D+Time）模型中，可以直观、精确地反映整个建筑的施工过程。基于 BIM 的 4D 虚拟建造技术的进度管理通过反复的施工过程模拟，让那些在施工阶段可能出现的问题在模拟的环境中提前发生，逐一修改，并提前制定应对措施，使进度计划和施工方案最优，再用来指导实际的项目施工，从而保证项目施工的顺利完成。优化流程如图 3-7 所示。

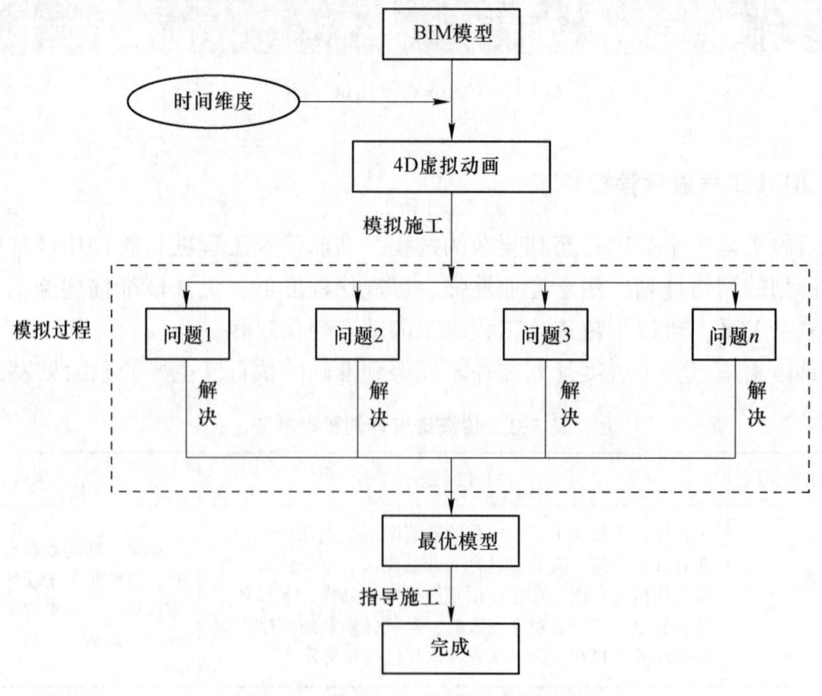

图 3-7　基于 BIM 的进度优化流程

三维模型的各个构件附加时间参数就形成了4D模拟动画，计算机可以根据所附加的时间参数模拟实际的施工建造过程。通过虚拟建造，可以检查进度计划的时间参数是否合理，即各工作的持续时间是否合理，工作之间的逻辑关系是否准确等，从而对项目的进度计划进行检查和优化。

将修改后的三维建筑模型和优化过的四维虚拟建造动画展示给项目的施工人员，可以使他们直观地了解项目的具体情况和整个施工过程，能更深层次地理解设计意图和施工方案要求，减少因信息传达错误而给施工过程带来的不必要的问题，加快施工进度和提高项目建造质量，保证项目决策尽快执行。扫码查看4D施工模拟图。

4D施工模拟技术可以在项目建造过程中合理制订施工计划、精确掌握施工进度，优化使用施工资源以及科学地进行场地布置，对整个工程的施工进度、资源和质量进行统一管理和控制，从而缩短工期、降低成本、提高质量。此外，借助4D模型，施工企业在工程项目投标中将获得竞标优势，BIM可以让业主直观地了解投标单位对投标项目主要施工的控制方法，施工安排是否均衡，总体计划是否基本合理等，从而对投标单位的施工经验和实力做出有效评估。

3D模型配合预定的施工流水段划分和施工进度计划进行施工模拟，找出施工中会产生的空间设计及时间冲突，及时调整施工总体方案，让拟定的施工流水段更科学，施工进度计划更合理、完整。扫码查看宝马60U车身车间项目流水段划分图。

4D软件通过不同的颜色来代表不同的施工进度情况。橙色代表延迟开始，红色代表延迟完成，绿色代表正常完成。扫码查看4D施工模拟图。4D技术可以查询任意任务的所有前置任务及其施工单位、完成情况、注意事项等信息，辅助各工序之间的协调与跟踪，防止返工、窝工等问题发生。更改工期或将任务提前时，自动分析现有条件，列出前置任务所需的施工条件，分析任务可行性。当某一任务延误后，系统自动分析后续任务受到的影响，并高亮显现出来，提醒管理者有针对性地管控进度，保证工期。

3.1.4 BIM工程成本管控

工程项目成本管控，就是在完成一个工程项目过程中，对所发生的成本费用支出，有组织、有系统地进行预测、计划、控制、核算、考核、分析等进行科学管理的工作，它是以降低成本为宗旨的一项综合性管理工作。进行成本管理是建筑企业改善经营管理，提高企业管理水平进而提高企业竞争力的重要手段之一。而在现有的项目成本管理中，过程控制具有事后性，难以实现过程的精细化成本管理控制。

BIM技术在处理实际工程成本核算中有着巨大的优势。建立BIM的成本管控施工资源信息模型（3D实体、时间、工序）关系数据库，让实际成本数据及时进入5D关系数据库，成本汇总、统计、拆分对应，瞬间可得。建立实际成本BIM模型，周期性（月、季）按时调整维护好该模型，统计分析工作就很轻松，软件强大的统计分析能力可轻松满足各种成本分析需求。

3.1.4.1 项目物资管控

BIM模型上记载了模型的定额资源，扫码查看混凝土、钢筋、模板等用量管控图，其中混凝土、钢筋、模板等用量，用户可以按照楼层、流水段统计所需的资源量，作为物资需用计划、节点限额的重要参考，将客户物资管控的水平提高到楼层、流水段级别。

3.1.4.2　快速工程量统计、物资提取

在项目施工过程中，处理向业主方的报量、审核分包工程量是合同管理过程中频繁发生处理过程，其间涉及大量的现场完成情况的确认、工程量的统计及计算。利用广联达 BIM 5D 中记录的完成情况、现场签证情况，商务人员可以快速统计已完成部分的清单工程量，快速完成向甲方的进度款申请及分包工程量的审核。

在 BIM 5D 软件中，可实现构件与预算文件、分包合同、施工图纸、进度计划等相关联。支持按专业、楼层、进度（时间）、流水段等多维度筛选统计清单工程量、分包工程量。

（1）工程部：工程师可以迅速提供准确的分流水段、分楼层的材料需求计划。

（2）物资部：材料员可以迅速审核工程部工程师的材料计划的准确性，使审核流程有效可靠，真正做到限额领料。

（3）商务部：预算员可以根据模型数据的提取，实现成本分析、成本控制、成本核算；迅速完成对业主月度工程量审报，对分包的实际完成工程量审核。

（4）项目经理：可以随时查看项目成本控制情况，对宏观决策提供支持。

通过 BIM 施工模拟软件产生真实、准确、共享的实际工程量和预算工程量，为材料员采购、造价人员成本分析、项目经理宏观掌控提供数据支撑。扫码查看 BIM5D 为项目进展提供数据支撑图。

基于 BIM 的实际成本核算方法，较传统方法具有极大优势：

（1）BIM 技术可以提高算量工作的效率和准确性；

（2）可以合理安排资源，做好实施过程成本控制；

（3）可以更方便地控制设计变更，方便历史数据积累和共享；

（4）有利于项目全过程造价管理。

3.2　BIM 在运营维护阶段的作用与价值

运营管理：在建筑设施、空间和应急等管理运营过程中，调用 BIM 模型中的建筑信息和运维信息，并在管理过程中，对不足的信息加以补充，以实现降低运营成本，提高项目运营和维护管理水平的目标。

建筑运行维护管理：指建筑在竣工验收完成并投入使用后，整合建筑内人员、设施及技术等关键资源，通过运营充分提高建筑的使用率，降低它的经营成本，增加投资收益并通过维护尽可能延长建筑的使用周期而进行的综合管理。

3.2.1　传统运维的现状

3.2.1.1　低碳经济对建筑运维的压力

近年来，“低碳”“环保”“节能”“绿色”等成为社会的关注热点，而中国的建筑使用能耗占全社会总能耗的 33%以上。为了企业与社会可持续发展，如何通过

技术创新、管理创新等手段减少能耗，将成为企业今后重要的竞争力之一。

3.2.1.2　被动式运维管理所存在的隐患

每个建筑物都涉及机电工程，比如给排水系统、电梯系统、强电系统、暖通系统、消防报警系统、弱电智能系统、通信网络系统等，每个子系统都包含了大量的设备和管线。传统的运维管理是在对于这些设备和管线出现了故障后再处理，等到了维护时间或者使用期限后才保养或者更换。传统的运维管理不能提前预警或及时处理事故都会导致财产损失，甚至引发安全事故。

3.2.1.3　突发事件的快速应变与处理

遇到重要来宾、庆典活动和表演，以及人员冲突甚至火灾等突发状况，传统的运维管理都是现场进行人员疏导、服务人员的调配、车辆进出的引导与管理、临时关闭部分设备、启动相关区域的应急和消防系统等。因此可能错过对突发事件处置的最佳时间，不仅造成经济损失，还可能导致安全事故的发生。

3.2.1.4　总部管控压力

随着地产项目在全国各地迅速扩张，总部对各地分公司项目的管理难度日益增加。传统的运维管理总部无法快速准确掌握各地地产项目的运营情况，无法及时了解各地的情况，快速发现问题并且给予指示。

3.2.2　BIM与物联网相结合对运维的价值

在运营维护阶段的管理中，BIM技术可以随时监测有关建筑使用情况、财务等方面的信息。通过BIM文档完成建造施工阶段与运营维护阶段的无缝交接和提供运营维护阶段所需要的详细数据。在物业管理中，BIM软件与相关设备进行连接，通过BIM数据库中的实时监控运行参数判断设备的运行情况，进行科学管理决策，并根据所记录的运行参数进行设备的能耗、性能、环境成本绩效评估，及时采取控制措施。

在装配式建筑及设备维护方面，运维管理人员可直接从BIM模型询取预制构件及设备的相关信息，提高维修的效率及水平。运维人员利用预制构件的RFID（Radio Frequency Identification）标签技术（又称无线射频识别），获取保存其中的构件质量信息，也可取得生产工人、运输者、安装工人及施工人员等相关信息，实现装配式建筑质量可追溯，明确责任归属。利用预制构件中预埋的RFID标签，对装配式建筑的整个使用过程能耗进行有效的监控、检测和分析，从而在BIM模型中准确定位高能耗部位，并采取合适的办法进行处理，实现装配式建筑的绿色运维管理。

3.2.2.1　设备远程监测和控制

把原来独立运行并现场操作的各设备，在BIM模型中结合相关技术，汇总到统一的管理平台上进行设备管控。通过单击BIM模型中的设备，可以查阅所有设备信息，比如参数性能、供应商、使用期限、联系电话、维护情况、所在位置等；该管理系统还可以对设备生命周期进行管理，比如对寿命即将到期的设备及时预警和更换配件，防止安全事故的发生；通过在管理界面中搜索设备名称，或者描述字段，

可以查询所有相应设备在虚拟建筑中的准确定位；管理人员或者领导可以随时利用 BIM 模型，进行建筑设备实时浏览。同时，在了解设备的实时运行状态的同时，并可以进行远程管控，例如通过技术获取设备运行状态，检测是否运行异常，远程控制设备的开启、关闭和对合适温度的调节。

所有设备运行状态都会实时在 BIM 模型上直观显示。例如，绿色表示正常运行，黄色表示设备运行异常，红色表示出现故障停止运行；对于每个设备，可以查询其历史运行数据进行统计分析；另外，可以对设备进行控制，比如某一区域公共照明系统的打开、关闭等。

3.2.2.2　消防等各系统的设备空间定位

近现代建筑业发展以来，所有的建筑物信息都存在于许多份二维图纸和各种机电设备厂商提供的操作手册上，只有在需要的时候才由专业人员自己去整个建筑物材料中查找单个细部信息、理解信息、做出决策，然后到现场对建筑物执行相关决策。现可利用 BIM 建立一个可视直观的三维模型，所有数据和信息均可精确地从模型里面快速直接调用。例如，建筑物改造的时候，管线的走向、隐蔽工程的具体位置、可不可拆的墙体、住户的各类信息等，这些在 BIM 模型中一目了然。

在 BIM 中给予各设备具体的空间位置信息，把传统的编号或者文字表示形式变成可视的三维图形位置，这样不仅便于查找定位，并且显示也更形象直观。例如：通过 RFID 获取值班安保人员位置；当出现消防报警等突发事件时，在 BIM 从模型上快速定位事件所在准确位置，并查看周边的疏散通道和消防设施及时给予远程指示。

3.2.2.3　隐蔽工程管理

现在，城市在快速发展的同时都在进行大规模的拆迁和改造。进行拆迁和改造的时候，经常出现挖断或破坏地下埋藏的管道，导致造成经济损失和引发严重的安全事故。其实出现这样的问题归根结底在于施工单位没有这些隐蔽管线的详细资料，或者即使有这些资料，但可能在某个资料室的角落里，只有极少数几个人知道。特别是随着建筑物使用年限的增加，人员更换的频繁，这些安全隐患显得更加突出。

而智慧运营维护通过该管理系统可以管理复杂的地下管网，比如污水管、排水管、通信管网、电线管网以及相关管井，并且可以在图上直接量取相互位置关系。在改建、装修的时候可以避开现有管网位置，便于管网维修、更换设备和定位；同样的情况也适用于室内的隐蔽工程的管理。这些信息可全部通过电子化保存下来，内外部相关人员都可以实现资源共享，有变化可以通过云平台随时同步调整，保证信息的完整性和准确性。

3.2.2.4　安保管理

目前的监控管理基本是显示摄像视频为主，传统的安保系统相当于有很多双眼睛，但是基于 BIM 的视频安保系统不但拥有了“眼睛”，还拥有了“脑子”。因为摄像视频管理是运维控制中心的一部分，也是基于 BIM 的可视化管理。通过配备监控大屏幕可以对整个项目的视频监控系统进行操作；当用鼠标选择建筑某一层，该层的所有视频图像立刻显示出来；一旦产生突发事件，基于 BIM 的视频安保监控就能结合与协作BIM模型的其他子系统进行突发事件管理。

对于保安人员，可以通过将无线射频芯片植入到工卡，利用无线终端结合监控视频跟踪系统来定位保安的具体方位。这个对于商业地产，尤其是大型商业地产中人流量大、场地面积大、突发情况多，这类安全保护非常有价值。一旦发现险情，管理人员就可以利用这个系统来指挥安保工作。

3.2.2.5 能耗管理

基于BIM的运营能耗管理可以大大减少能耗。BIM可以全面了解建筑能耗水平，积累建筑物内所有设备用能的相关数据，将能耗按照树状能耗模型进行分解，从时间、分项等不同维度剖析建筑能耗及费用，还可以对不同的分项进行对比分析，并进行能耗分析和建筑运行的节能优化，从而促使建筑在平稳运行时达到能耗最小。BIM还通过与物联网云计算等相关技术的结合，将传感器与控制器连接起来，对建筑物能耗进行诊断和分析，当形成数据统计报告后可自动管控室内空调系统、照明系统、消防系统等所有用能系统，它所提供的实时能耗查询、能耗排名、能耗结构分析和远程控制服务，使业主对建筑物达到最智能化的节能管理，摆脱传统运营管理下由建筑能耗大引起的成本增加。

3.2.2.6 运营维护数据累积与分析

建筑物运营维护数据的积累，对于管理者来说具有很大的价值。其不仅可通过对积累的数据来分析目前存在的问题和隐患，还可以通过已积累的数据来优化和完善现行管理并给予用户合理建议。例如，通过RFID获取水表运行状态，并累积形成能耗情况，通过阶段分析数据来指导用户合理利用水源。

因此，BIM技术与物联网技术对于建筑物的运营维护来说是缺一不可，若没有物联网技术，运营维护就只有停留在目前靠人到现场简单操控的阶段，无法形成统一的高效的远程管理平台。若没有BIM技术，运营维护就无法跟建筑物相关联，无法在可视三维空间中准确定位，无法对周边环境和状况进行综合考虑。

基于BIM核心的物联网技术应用，不但能为建筑物实现三维可视化的信息模型管理，而且能为建筑物的所有组件和设备赋予了感知能力和生命力，从而将建筑物的运行维护提升到智慧建筑的全新高度。

BIM技术与物联网技术是相辅相成的，两者的紧密结合将为建筑物的运营维护带来一次全面的信息革命！

3.2.3 绿色运维展望

人类的建设行为及其成果——建筑物在生命周期内消耗了全球资源的40%、全球能源总体的40%，建筑垃圾也占全球垃圾总量的40%。绿色建筑强调人与自然的和谐，避免建筑物对生态环境和历史文化环境的破坏，资源循环利用，室内环境舒适。“绿色建筑”的“绿色”，并不是指一般意义的立体绿化，而是代表一种概念或象征，指建筑对环境无害，能充分利用环境自然资源，并且在不破坏环境基本生态平衡条件下建造的一种建筑，又可称为可持续发展建筑、生态建筑、回归大自然建筑、节能环保建筑等。绿色建筑评价体系共有六类指标，由高到低划分为三星、二星和一星，其中绿色建筑标识如图3-8所示。

图 3-8　绿色建筑标识

作为建筑生命周期中最长的一个阶段，绿色建筑在运维阶段可通过环保技术、节能技术、自动化控制技术等一系列先进的理念和方法来解决节能、环保，以及使用、居住环境的舒适度问题，使建筑物与自然环境共同构成和谐的有机系统。

《绿色建筑评价标准》中专门设立了“运营管理”章节。其中，运营管理部分的评价主要涉及物业管理（节能、节水与节材管理）、绿化管理、垃圾管理、智能化系统管理等方面。

BIM 在绿色运维中的应用主要包括对各类能源消耗的实时监测和改进，以及楼宇智能化系统管理两个方面。

在能耗管理方面，BIM 的动态特性和全生命周期信息传递的特性，为建筑的能耗管理提供了新的、可视化、连续性的解决方案。首先，从竣工 BIM 模型中，运维管理人员可获取项目设计、施工阶段能耗控制要求相关的要求、说明，以及各个过程建筑能耗管理分析模拟的规则和结果。这些信息将作为建筑运营阶段能耗管理的精确初始数据，便于后期实施及计划。

其次，运维阶段的 BIM 模型通过与楼宇自动监控设备的链接，可通过采集设备运行实时数据，结合建筑占用情况、环境、设施设备运行等动态数据，以 BIM 模型的数据结构为基础，通过可视化的设备、空间信息相关联，为建筑能耗提供优化管理分析的平台，为运维管理人员制定和改进建筑能耗管理计划提供动态、全面的依据。

鉴于 BIM 技术的重要性，我国从“十五”科技攻关计划中已经开始对 BIM 技术相关研究的支持。经过这么多年的发展，在设计和施工阶段已经被广泛推广和应用，而在设施维护中的应用案例并不是很多，尚未得到有效挖掘。在运营维护阶段，BIM 技术需求非常大，尤其是对于商业地产的运营维护，其创造的价值不言而喻。随着这几年物联网的高速发展，BIM 技术在运营维护阶段的应用也迎来一个重要契机。

3.3　BIM 技术在项目全生命周期的作用与价值

3.3.1　建筑全生命周期管理的概念

建筑全生命周期管理（BLM，Building Lifecycle Management）是将工程建设过

程中包括规划、设计、招投标、施工、竣工验收及物业管理等作为一个整体，形成衔接各个环节的综合管理平台，通过相应的信息平台，创建、管理及共享同一完整的工程信息，减少工程建设各阶段衔接及各参与方之间的信息丢失，提高工程的建设效率。建筑工程项目具有技术含量高、施工周期长、风险高、涉及单位众多等特点，因此全建筑生命周期的划分就显得十分重要。一般将全建筑生命周期划分为四个阶段，即规划阶段、设计阶段、施工阶段和运营阶段。

3.3.2 BIM 在前期规划阶段的应用

在建设项目前期规划时使用 BIM 技术进行概念设计和规划设计，进行方案的场地分析与主要经济指标分析，并确定基本方案，辅助项目决策。

基于 BIM 和 GIS（Geographic Information Systems，地理信息系统）技术进行项目规划和方案设计，应用 BIM 技术将场地、已有市政管线、附属设施等建立三维模型，确定项目涉及的重要基础设施的标高、走向等要素，有利于多专业规划协调以及避免各层次规划设计的冲突。

3.3.3 BIM 在勘察设计阶段的应用

在此阶段使用 BIM 技术进行方案设计、初步设计和施工图设计。通过 BIM 模型进行管线冲突检测及三维管线综合，优化管线走向和室内净空高度，进而减少设计错误，提高设计质量；同时也为建筑设计提供依据和指导性文件，论证拟建项目的技术可行性和经济合理性，确定设计原则及标准，并交付完整的 BIM 模型及图纸等设计成果。

3.3.3.1 建立地质 BIM 模型

将勘察单位采集到的场地区域地勘数据进行处理集成，快速得到场地的三维地质模型，实现地质层的三维效果展示、指导土方开挖、填方，指导项目合理设计。

3.3.3.2 建筑可视化

建筑可视化即“所见即所得”，通过 BIM 模型的三维立体实物可视，实现项目设计、建造、运营等整个建设过程可视，以及项目的沟通、讨论与决策管理可视。BIM 的工作过程和结果=建筑物的实际形状+构件的属性信息+规则信息。

3.3.3.3 BIM 参数化设计

参数化设计（Parametric Design）的核心思想，是把建筑设计的全要素都变成某个函数的变量，通过改变函数，或者说改变算法，能够获得不同的建筑设计方案。改变桁梁的参数，自动实现模型的变化，同时驱动二维图纸和图纸尺寸标注变化。

3.3.3.4 建筑性能分析

三维状态模式下进行日照模拟分析、视线模拟分析、节能（绿色建筑）模拟分析、通风、紧急疏散模拟、碳排放等。

3.3.3.5 多专业协同

BIM 协同设计环境下的各专业在同一个模型中进行设计，可以进行即时交流。

同时，业主和施工方能够在模型设计阶段参与，从而避免由于缺少沟通所造成的设计变更，提高设计效率，降低工程造价。

3.3.3.6　场地分析

利用 BIM 技术核查出入口、道路、景观与周边环境场地之间的合理性。

3.3.3.7　设计校审

基于 BIM 的设计校审会发现传统二维图纸会审所难以发现的许多问题，传统的图纸会审都是在二维图纸中进行图纸审查，难以发现空间上的问题，基于 BIM 的设计校审是在三维模型中进行的，各工程构件之间的空间关系一目了然，通过软件的碰撞检查功能进行检查，可以很直观地发现图纸不合理的地方。其次，基于 BIM 的设计校审通过在三维模型中进行漫游审查，以第三人的视角对模型内部进行查看，发现净空设置等问题以及设备、管道、管配件的安装、操作、维修所必需空间的预留问题。利用 BIM 模型检查预留孔洞的准确性，及时发现预留偏差问题，有效避免结构施工的返工。

3.3.3.8　综合管线优化

BIM 最直观的特点在于三维可视化，利用 BIM 的三维技术在设计阶段可以对管道空间碰撞、管道综合排布、构建空间位置排布，优化工程设计。减少在建筑施工阶段可能存在的错误损失和返工的可能性，而且优化净空，优化管线排布方案，实现管线综合“零碰撞”。

3.3.3.9　三维出图

BIM 并不是出建筑设计院所出的常规建筑设计图纸，以及一些构件加工的图纸，而是通过对建筑物进行了可视化展示、协调、模拟、优化以后，可以帮助业主出：

（1）综合管线图（经过碰撞检查和设计修改，消除了相应错误以后）；

（2）综合结构留洞图（预埋套管图）；

（3）碰撞检查报告和建议改进方案。

3.3.4　BIM 在工程施工阶段的应用

此阶段使用 BIM 技术建立施工 BIM 实施体系、管理施工 BIM 实施内容与过程、完成 BIM 竣工验收与交付，为施工建立必需的技术和物质条件，基于 BIM 平台进行施工方案深化、施工组织准备、施工质量管理、施工安全管理、征地拆迁管理、施工进度管理、材料管理等施工全过程管控。

3.3.4.1　工程量精确统计

利用 BIM 软件直接选择模型相对应的构件进行工程量提取，会更准确和快捷。提取工程量为净量，作为参考依据。BIM 工程量主要运用体现为：

（1）BIM 提供任意指定部位的工程净量可与现场材料消耗量对比，辅助质量控制；

（2）对上或对下的计价中快速提供工程量，防止超计价现象出现；

（3）在原材料的使用与责任成本分析中，BIM 提取的工程量可以与现场实际的消耗量做对比进行节超分析。

3.3.4.2 场地布置

结合施工组织设计，施工现场测量数据，完成施工场地 BIM 模型（包括深基坑、施工道路、办公生活区、施工区及各种临建设施）。根据场布方案通过 BIM 模型进行模拟，可以直观地看到施工道路、大型设备布置、临建布置、材料堆放和加工区布置效果，辅助管理人员对布置方案以及对后续施工的影响进行论证。

3.3.4.3 可视化技术交底

利用 BIM 技术的可视化、模拟性的优势特点，将特殊施工工艺和专项施工方案做成视频动画，对技术人员及工人进行交底，能直观准确地掌握整个施工过程和技术要点难点，避免施工中因过程不清楚、技术经验不足造成的质量安全问题。

3.3.4.4 变更管理

将图纸与模型进行关联，相互对应，当图纸和模型发生变更后，可在 BIM 模型中详细记录每一次的各类变更信息，其包括图纸附件、文档、模型、族等，以便日后转为竣工模型来进行电子交付，方便业主利用其进行运维管理。

3.3.4.5 进度管理

借助 BIM 协同管理平台以 WBS（Work Breakdown Structure）任务分解为核心，进度计划为引擎，关联集成三维模型、属性信息等内容，实现动态实时进度管理。

3.3.4.6 质量管理

将 BIM 技术应用于施工全过程质量管控，即把 BIM 技术应用于施工过程事前质量控制、事中质量控制、事后质量控制，这不仅优化建筑信息模型，加强并丰富了施工过程中工程质量信息的采集和管理，还使施工过程的各个阶段都能持续跟进和记录，在各个阶段施工前都能提前模拟、预测及控制，并在建成后对质量信息进行分析、共享、存档等，提高项目和企业施工质量控制的水平。

应用 BIM 模型信息借助可视化技术、施工模拟技术、虚拟漫游技术、建立 BIM 材料库、建立供应商库等手段进行事前质量控制。例如，在施工过程中添加主体的钢筋节点模型，并提前对复杂施工区域或节点处进行钢筋排布检查，同时将排布情况反馈工程部和质量部，对现场实际绑扎状况进行检查、修正，提前消除质量问题。

3.3.4.7 安全管理

项目施工中的危险源排查、安全预警等工作可应用 BIM 技术实现可视化管理。应用 BIM 协同管理平台将施工现场的安全管理与 BIM 模型结合起来，将施工现场遇到的安全问题直接挂接到 BIM 模型对应的位置上，在模型中对危险源排查、辨识、预警、标识、更新，相关人员可以介入进行处理，实现对人防项目危险源的可视化管理。

3.3.4.8 数字化加工

利用已建立的 BIM 模型，提供 3D 模型的几何尺寸给生产厂家，由厂家进行工厂化制造加工。

3.3.5　BIM 在竣工验收阶段的应用

此阶段通过竣工 BIM 模型的创建、审查和移交，将建设项目的设计、施工、经济、管理等数据信息集成到一个模型中，建立完成一套完整的 BIM 数字化资产，便于后期的运维管理单位使用，更快地检索到建设项目的各类信息，为运维管理提供数据保障。

3.3.6　BIM 在运营维护阶段的应用

此阶段使用 BIM 技术进行隐蔽工程管理、空间管理、设备管理、安防管理、应急管理、能耗管理等，BIM 数字化模型承载建筑产品的运营及维护的所有管理任务和数据，为用户提供安全、便捷、环保、健康的建筑环境。

3.3.6.1　隐蔽工程管理

基于 BIM 运营管理平台，可直观了解建筑隐蔽工程信息，应用 BIM 技术建立一个可视化三维模型，所有数据和信息可以从模型中获取和调用，比如装修时可快速获取哪些管线不能拆除、承重墙等建筑构件的相关属性等。

3.3.6.2　空间管理

空间管理主要包括照明、消防等各系统和设备空间的管理。通过 BIM 运维管理平台获取各系统和设备空间位置信息，把原来编号或文字变成三维图形，直观、形象且方便查找。例如消防报警时，在 BIM 模型上快速定位所在位置，查看周边疏散通道和重要设备等；此外，还可应用于内部空间设施的可视化管理。传统建筑信息往往存在于二维图纸和各种机电设备操作手册上，需要时由专业人员查找、理解信息，然后据此决策。

3.3.6.3　设备管理

借助 BIM 运维管理平台的精细化管理，清晰了解设备前世今生。运维 BIM 模型承接设计、施工阶段数据，形成完整的设备台账信息。每个设备具备唯一“二维码身份证”，扫码即可识别设备所有信息，实现数据随身携带，便于全周期管理。

3.3.6.4　安防管理

安防管理利用 BIM 模型，采用可视化展示方式，展现所接入的安防系统所属遥控摄像机及其辅助设备，显示设备的监控范围、角度、死角，对设备进行方向控制及显示实时视频信息，并可简便切换到附近视频设备进行连续视频追踪。门禁管理功能可展示门禁设备在建筑中的位置，点击门禁模型展示该门禁的基本信息及通过记录，支持查看当日通过记录及历史通过记录，同时也支持反向查询，查看某人员通过门禁的记录，还原人员在建筑内的移动过程。

3.3.6.5　应急管理

基于 BIM 可视化进行应急预案管理、应急综合指挥。将物业部门设定好的各类应急预案集成至 BIM 模型平台中，在三维模型中进行推演，帮助管理人员及用户熟悉应急疏散流程。在总控中心，管理人员可采用多屏联动的方式实现应急响应功能：通过集成烟感系统、安防报警系统等，在建筑出现突发事件的第一时间获得准确信息，将总控大屏切换至应急模式，展示报警的详细信息、对应类型的 BIM 三维应急疏散模拟过程、对应类型的应急预案的内容等，指导物业管理人员按照已制定的应急预案流程执行应急处理工作。

3.3.6.6　能耗管理

基于 BIM 模型平台进行节能技术展示、建筑用能展示、回路及设备用能展示、能耗异常报警、能耗数据分析等功能，将建筑中采用的节能技术以模型的方式叠加到 BIM 模型上，直观进行展示，并对接能源实时采集数据，结合模型展示实时能耗情况。在实时采集数据发现能耗异常时自动触发报警，并可定位至对应模型或回路，帮助管理人员快速定位问题发生位置，提高异常处理效率，通过对能耗数据进行分析和统计，形成报表，并针对数据分析结果给出节能建议，为建筑节能提供数据参考。

3.3.6.7　小结

BIM 建筑信息模型的发展不仅仅是现有技术的进步和更新换代，它也将间接表现在生产组织模式和管理方式的转型，并更长远地影响人们思维模式的转变。BIM 这场信息革命，将不受个人好恶和思维习惯的束缚而向前推进，它对于工程建设从设计、建造、加工、施工、销售、物业管理等各个环节，对于整个建筑行业，都必将产生深远的影响。

4 BIM 应用实例

4.1 北京大兴国际机场旅客航站楼及综合换乘中心

4.1.1 项目概况

北京大兴国际机场旅客航站楼及综合换乘中心工程是北京在 21 世纪面向未来发展的超级工程，总建筑面积 $143\times10^4m^2$，满足本期 4500 万人次，2025 年 7200 万人次年旅客吞吐量的设计容量。主体建筑航站楼由中央主楼和五条互呈 60°夹角的放射状指廊构成，航站楼以北的综合服务楼平面形状与航站楼的指廊相同，与航站楼共同形成了外包直径 1200m 的总体构型，可以从航站楼与大型公共建筑的比较中感受其尺度。北京大兴国际机场效果图如图 4-1 所示。

图 4-1　北京大兴国际机场效果图

北京大兴国际机场中心区域的支撑间距达 200m，所形成的无柱空间可以完整的放下一个水立方。为保证中心区屋面及支撑结构体的完整，以及功能区的完整，北京大兴国际机场航站楼中心区混凝土楼板 513m×411m 不设缝，是国内最大的单块混凝土楼板。这块完整的混凝土大板，可以将国家体育中心（鸟巢）置于其上，如图 4-2 所示。

作为综合交通枢纽，航站楼主楼地上共四层，采用了上部双出发层，下部双到

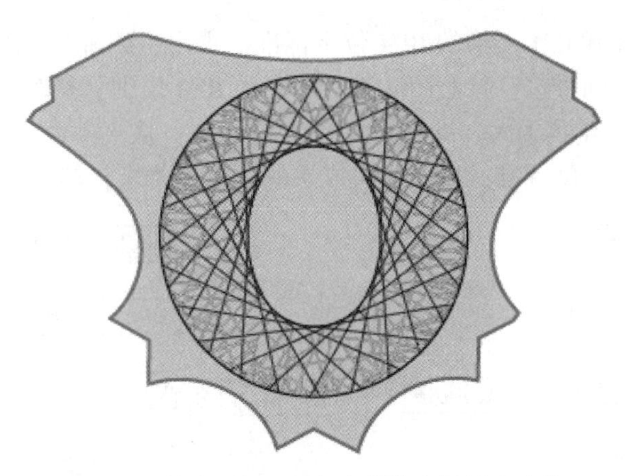

图 4-2 单块混凝土板与鸟巢体育场尺度比较

达层的基本楼层功能设置，并配置了双层出港高架桥，航站楼近机位共 79 个，地下一层设置轨道进出站的连接过厅和轨道站厅，连接地下二层的两条城际铁路线和三条城市地铁线，采用 8 台 16 线布局，与目前的北京火车站规模相当。北京大兴国际机场航站楼中轴线剖透视如图 4-3 所示。

图 4-3 航站楼中轴线剖透视

综上所述，北京大兴国际机场航站区工程具有项目规模巨大、建筑功能复合，专业系统众多、协调环节密集，质量标准严格等主要特点，对工程建设的规划、设计、施工、管理都提出了很高的要求。在紧迫的设计周期下，BIM 的应用充满机遇与挑战，需要协调一致的 BIM 标准和具有针对性的 BIM 设计策略。

4.1.2 BIM 标准与管理

在项目初始阶段，针对北京大兴国际机场项目特点同时设置了 BIM 数字标准与 BIM 管理标准，如图 4-4 所示。为实现这一庞大的 BIM 协同设计系统，设计团队做

了充分的准备，并确立了严格的 BIM 数字标准，提出了明确的 BIM 文件接口标准，保证整体设计的协同推进。核心团队进行了专项 BIM 培训，并对电脑设备进行了升级，设置了各级 BIM 负责人，制定了 BIM 管理计划，从文件命名规则、图层标准，到模型拆解逻辑、深度标准，以及交付成果的表达和要求，都进行了详细规定。

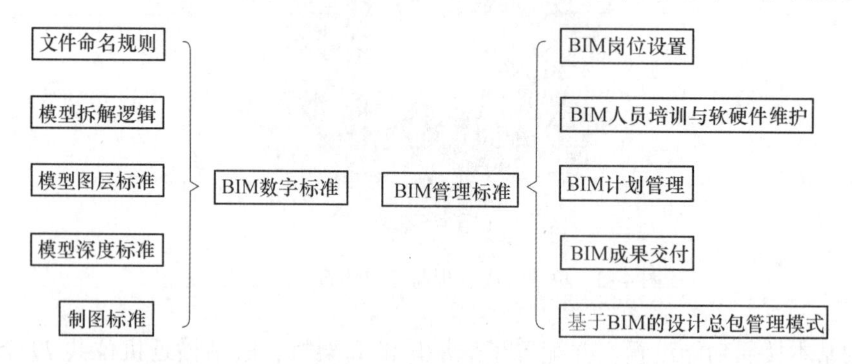

图 4-4　BIM 标准建立

4.1.3　BIM 设计策略

在当前技术条件下，单一的 BIM 工具完全无法实现如此复杂项目的设计目标。在策划阶段，就确定了多平台协同工作，以适用性为导向的 BIM 技术框架。例如建筑外围护体系使用 Autodesk T-spline 同 Rhinoceros 结合共同作为设计的核心平台处理自由曲面；大平面体系中，主平面系统使用传统的 Autodesk Cad 平台，保证设计的时效性；对于专项系统中楼电梯、核心筒、卫生间、机房这样的独立标准组件，使用 Autodesk Revit 平台，利用建筑信息化的优势，确保这些复杂组件的三维准确性。通过成熟的协同设计平台，将这三个大的体系整合在大平面中，实时更新，协同工作。BIM 应用框架如图 4-5 所示。

通过这样适用、高效的 BIM 协同设计平台，得以整合上百人的设计团队，只用了一年的时间，就完成了新机场从方案调整深化、初步设计、施工图的全部设计过程，体现出了 BIM 技术对于设计效率的巨大提升。

4.1.4　外围护体系的 BIM 应用

航站楼的自由曲面造型是外围护工程的难点。通过主动创新，在 BIM 平台上综合运用 Autodesk T-spline 曲面建模与编程工具，实现了对外围护系统的全参数化控制，大到屋面钢结构定位，小到吊顶板块划分，都在同一套屋面主网格系统的控制下展开。北京大兴国际机场屋顶曲面与屋面主结构网格关系如图 4-6 所示。

屋面主网格是一套整合屋面，采光顶、幕墙、钢结构等多专业，多层级的空间定位系统，以受参数化程序控制的屋面钢结构中心线为基础，在满足建筑效果的同时符合结构逻辑。在主网格系统的基础上，通过逐级深化的方式不断推进设计，接力主网格程序对屋面大吊顶进行分缝，分板参数化设计，对吊顶板块进行数据化分析，优化板块类型。各屋子系统，比如虹吸雨水，马道等也采用三维方式定位设计。北京大兴国际机场航站楼室内空间效果图如图 4-7 所示。

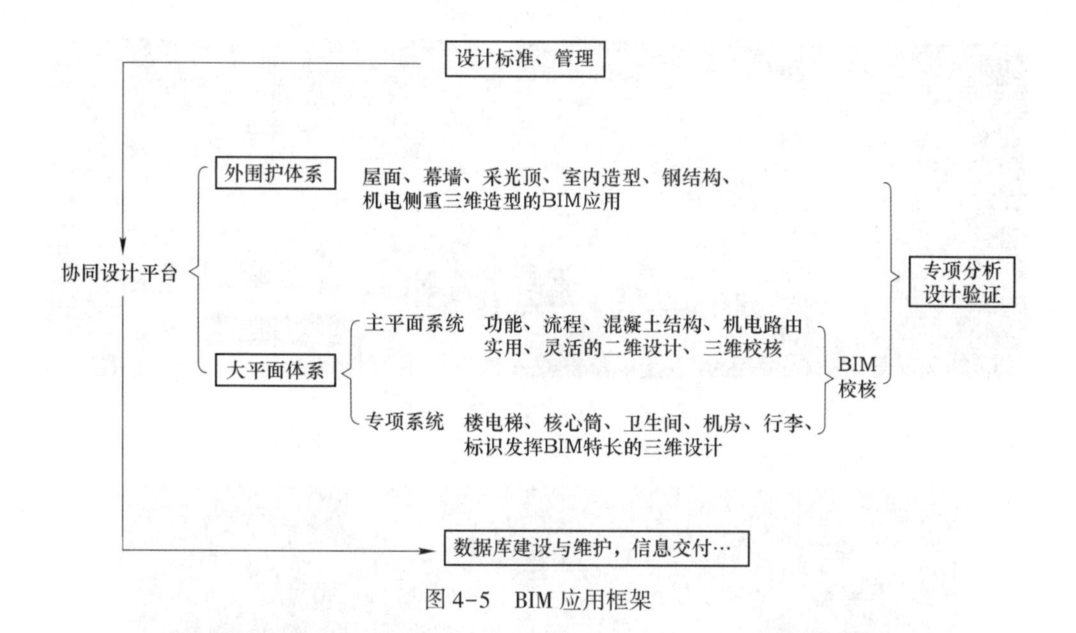

图 4-5　BIM 应用框架

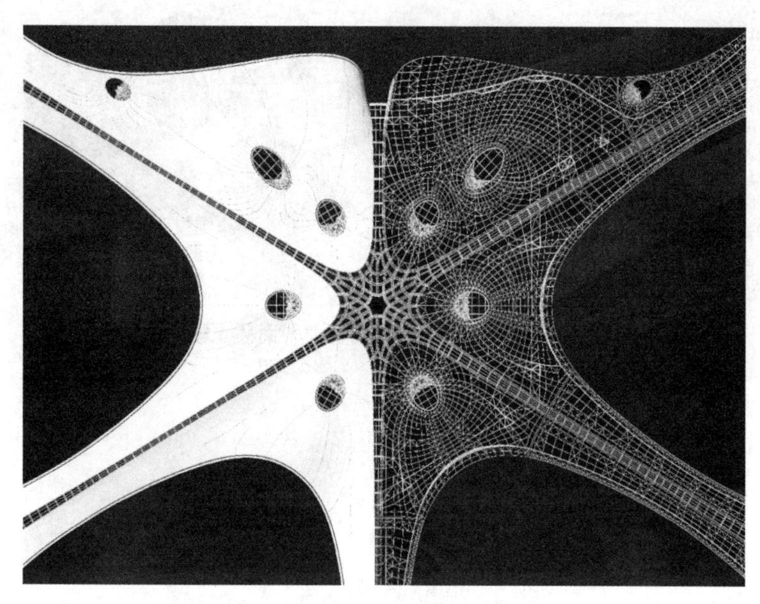

图 4-6　屋顶曲面与屋面主结构网格关系

4.1.5　大平面体系的 BIM 应用

北京大兴国际机场大平面体系的 BIM 架构分为主平面系统和专项系统两部分，在主平面系统中，运用 Autodesk AutoCAD 平台上成熟的协同设计模式快速推进设计，并随设计节点创建和更新建筑、结构、设备全专业的 Autodesk Revit 模型，同各专项系统，外围护系统模型一起在 Autodesk Navisworks，Autodesk Stingray 中进行三维校核及漫游演示。北京大兴国际机场大平面体系模型、建筑 Revit 模型、结构 Revit 模型和 Autodesk Revit MEP 模型分别如图 4-8～图 4-11 所示。

图 4-7　航站楼室内空间效果图

图 4-8　北京大兴国际机场大平面体系模型

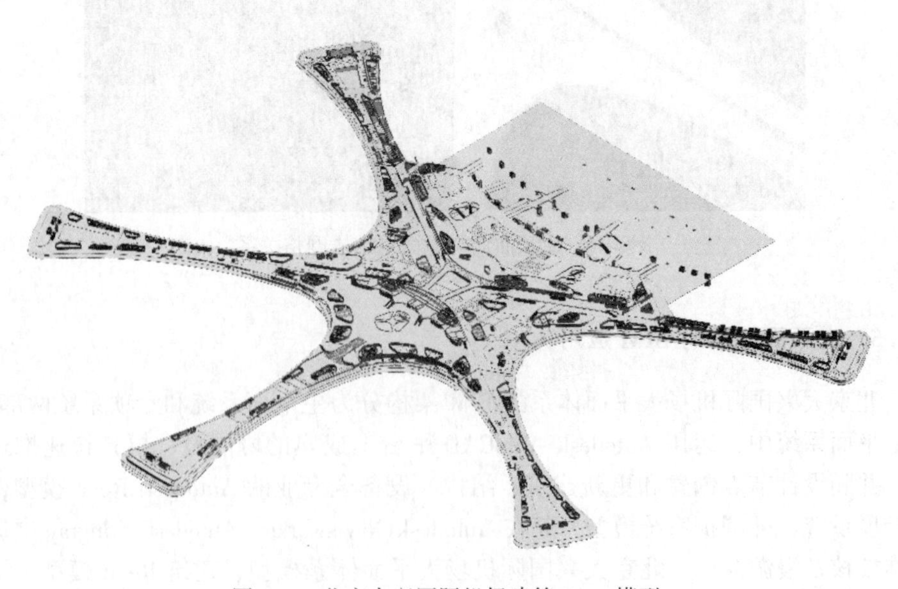

图 4-9　北京大兴国际机场建筑 Revit 模型

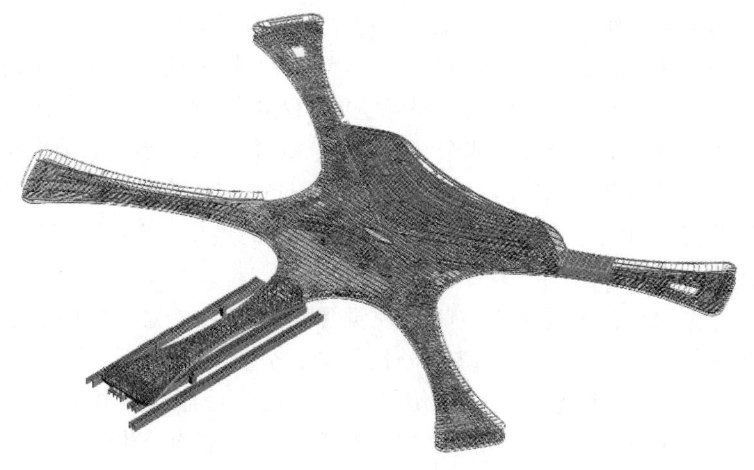

图 4-10 北京大兴国际机场结构 Revit 模型

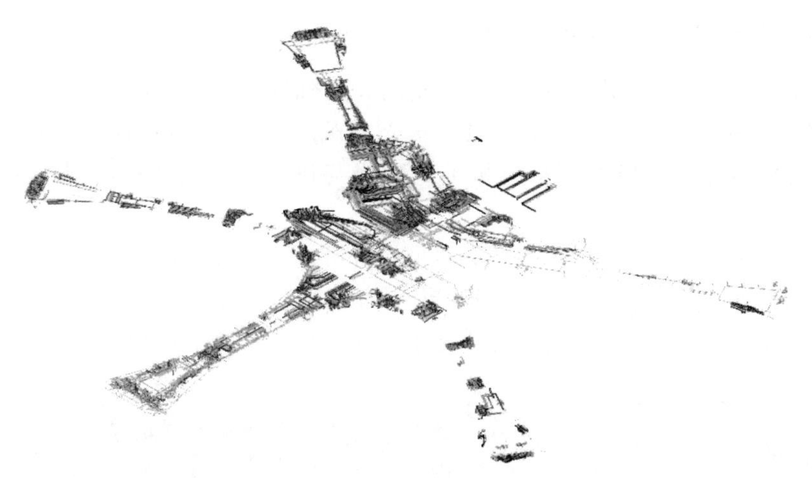

扫码看彩图

图 4-11 北京大兴国际机场 Autodesk Revit MEP 模型

在专项系统设计中，发挥 Autodesk Revit 平台的优势，集中处理大量信息：全楼共计 141 个不同的卫生间，148 部自动扶梯，42 部玻璃电梯，98 部混凝土电梯。设备专业的 BIM 设计中，将全楼数百间机房作为专项系统进行全 BIM 设计，其中最大的单间空调机房内同时运行设备 40 多台，同时对 BIM 的应用不仅止于管线的几何表达，更看重其信息处理能力，比如流量、压力、流速等，为更深入，高效的设计提供依据。

标识系统是机场功能组织的重要环节，利用基于 Autodesk Revit 平台的 Dynamo 编程对全航站楼共计 3114 块标识牌进行参数化设计与管理，包含每块标识牌的位置、类型、指向信息等，行李系统的几何信息与运行分析同样有赖于 BIM 专项设计。

4.1.6 计算机智能设计

遗传算法是人工智能领域的计算机技术，将其应用在遮阳网片计算和 C 形顶的

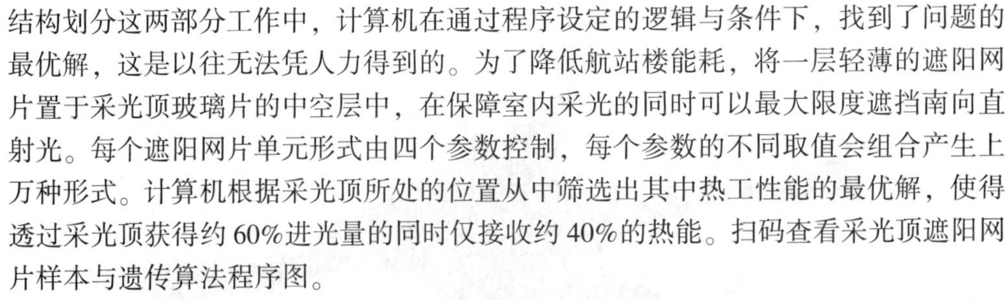

结构划分这两部分工作中，计算机在通过程序设定的逻辑与条件下，找到了问题的最优解，这是以往无法凭人力得到的。为了降低航站楼能耗，将一层轻薄的遮阳网片置于采光顶玻璃片的中空层中，在保障室内采光的同时可以最大限度遮挡南向直射光。每个遮阳网片单元形式由四个参数控制，每个参数的不同取值会组合产生上万种形式。计算机根据采光顶所处的位置从中筛选出其中热工性能的最优解，使得透过采光顶获得约60%进光量的同时仅接收约40%的热能。扫码查看采光顶遮阳网片样本与遗传算法程序图。

C 形柱上方的采光顶是室内空间的视觉焦点。综合视觉与结构需求，需要在结构网格划分上实现边缘整齐、玻璃分板均匀、分板结构相近。为此，在主要划分线上设置了 88 个控制点，通过遗传算法调整各个控制点的相对关系，最终得到分板均匀，具有张力的结构网格。扫码查看采光顶结构分格效果与遗传算法程序图。

4.1.7　专项分析研究与设计验证

在北京大兴国际机场的设计中，使用计算机技术对建筑光环境、CFD、热工等物理环境进行分析模拟，使航站楼更安全、节能、高效。其包含如下主要内容：

(1) 室外光环境的模拟分析辅助采光与遮阳的设计，室内照明系统的分析计算；

(2) 物理风洞实验分析与计算机模拟分析，室内自然通风模拟；

(3) 基于建筑物理模型的围护结构热工参数优化分析。

建筑室外风环境物理风洞模型与计算机模拟分析如图 4-12 所示。

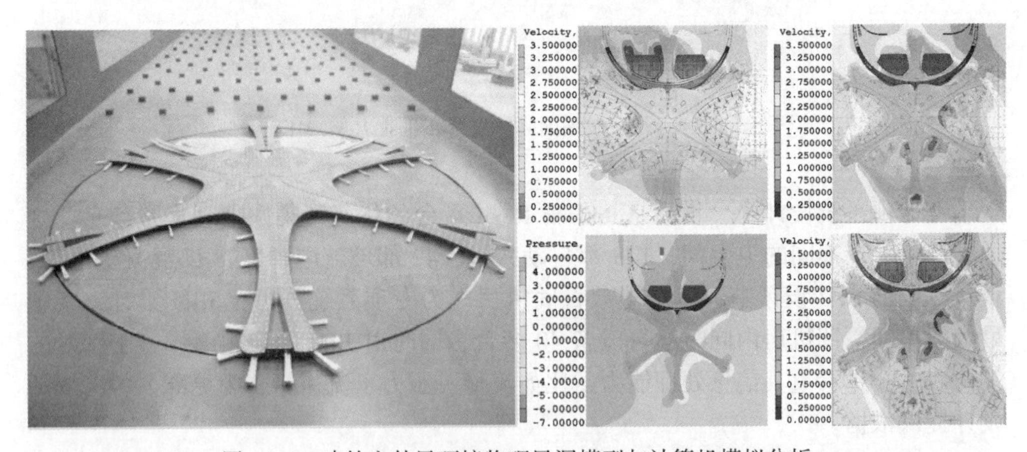

图 4-12　建筑室外风环境物理风洞模型与计算机模拟分析

计算机模拟技术不但可用于模拟航站楼所处的物理环境，还可应用与对机场未来运行的状况的仿真分析。在航站楼内，通过对机场室内人流的模拟，可以评估出等候每处电梯，安检排队的等候时间，进而优化流线设计，提高运行效率；在航站楼外，通过建立起场跑滑系统数学模型，优化调整登机口布局，获得最优的站坪运行效率。电梯等候时间与旅客流线模拟如图 4-13 所示。

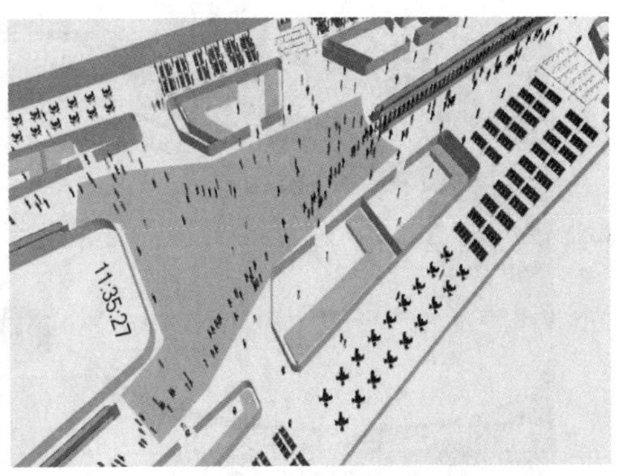

图 4-13　电梯等候时间与旅客流线模拟

4.1.8　BIM 信息管理

在北京大兴国际机场的项目中建立了完整的数据库，例如将卫生间系统的数据同机场运营经验统计数据相关联，即可判断出各处卫生间洁具数量是否能应对高峰期的客流压力。通过数据的信息交付，北京大兴国际机场各系统的海量信息将在未来持续服务于施工与运营。

4.2　国家会展中心（上海）

随着经济发展水平的提高，幕墙设计理念的革新以及施工技术的进步，建筑幕墙从简单化、规整化向多元化、复杂化发展。传统的二维图已经无法满足这些复杂建筑幕墙的设计方案、放线定位、材料下单的要求，因而需要借助 BIM 三维建模软件完成。以国家会展中心（上海）幕墙工程实例来介绍 BIM 技术在幕墙工程中的应用。

BIM 是以建筑工程项目的各项相关信息数据作为模型的基础，进行建筑模型的建立，通过数字信息仿真模拟建筑物所具有的真实信息。它具有可视化、协调性、模拟性、优化性和可出图性五大特点。

国家会展中心（上海）幕墙工程完整呈现了 BIM 技术在幕墙面板划分、材料下单、与钢结构及土建碰撞检测方面的应用。

4.2.1　工程概况

本工程位于上海市西部，北至崧泽高架路南侧红线，南至盈港东路北侧红线，西至诸光路东侧红线，东至涞港路西侧红线。国家会展中心效果图如图 4-14 所示。

国家会展中心（上海）建筑整体呈四叶草造型，占地面积 85.6 公顷（$8.56\times10^4m^2$）。总建筑面积约 $147\times10^4m^2$，其中地上建筑面积 $127\times10^4m^2$，地下建筑面积 $20\times10^4m^2$，建筑高度 43m，包括办公楼幕墙、酒店楼幕墙、钻石广场幕墙、大展厅幕墙、小展厅幕墙、南入口点式玻璃幕墙、钢结构雨棚等。

本工程幕墙面板造型为四叶草建筑造型体，其结构造型多为弧形曲面、幕墙面

图 4-14　国家会展中心效果图

板种类为多元化面板。幕墙立柱形式种类较多，这样对幕墙板块、龙骨下料加工图的准确性以及对现场施工提出了更高的要求。常规的二维制图很难满足工期、施工难度的要求，应业主要求采用 BIM 技术进行三维建模，包括划分幕墙立面分格、材料下单、加工制作、工期进度模拟及土建、钢结构、机电安装碰撞问题。

幕墙施工前配合土建进行埋件预留工作，直接关系到本工程幕墙施工的准确性，通过幕墙 BIM 模型与土建 BIM 模型进行合并，核对现场预埋是否符合幕墙施工的要求，通过 BIM 进行预留预埋图纸的设计，交付土建用于预留预埋施工。

本工程幕墙造型复杂、施工区域多、幕墙系统种类多，根据现场提供的返尺标注，产生大小横竖不同尺寸，在幕墙平面图和幕墙立面图上对幕墙板块进行面板划分。

在运用 BIM 模型辅助深化和施工过程中，协调项目施工各参与方。对图纸深化过程中出现的疑难问题，配合业主管理方和设计单位，运用 BIM 模型讨论并验证解决方案。利用 BIM 技术进行三维建模，直接把模型生成的加工图给生产厂家。经过 BIM 分析发现加工图尺寸准确无误，变化不大。如果直接在 CAD 图纸中画加工图下单，很难发现与各专业碰撞问题，这样即解决加工图上的参数准确性又能解决与各专业的碰撞问题。

对具体的板块模型分析发现，幕墙板块竖向两边的边缘线测量高大于 200mm，边宽为 150mm 左右，对板块高度、宽度进行调整。面板加工厂的加工难度减小，加工周期缩短，保障了施工工期。

4.2.2　BIM 在幕墙技术中的应用

4.2.2.1　小展厅幕墙 BIM 技术应用

根据幕墙深化图和 BIM 模型，利用 BIM 模型碰撞检查，来找出各个专业间相互矛盾的地方，并及时讨论做出调整，避免返工而延误工期。通过 BIM 模型定位幕墙龙骨效果如图 4-15 所示，幕墙龙骨细部节点如图 4-16 所示，现场幕墙施工照片如图 4-17 所示。

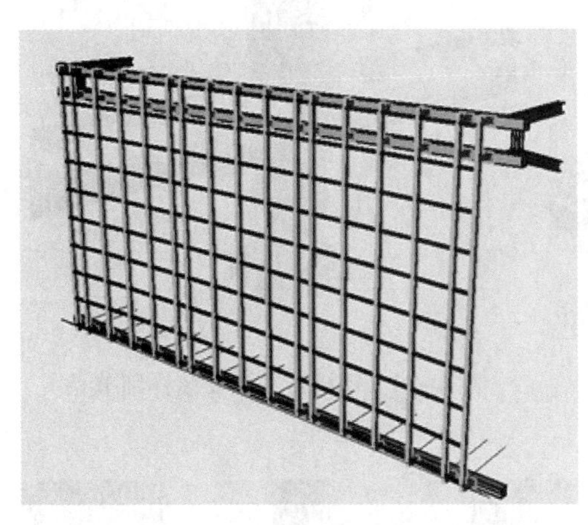

图 4-15 通过 BIM 模型定位幕墙龙骨

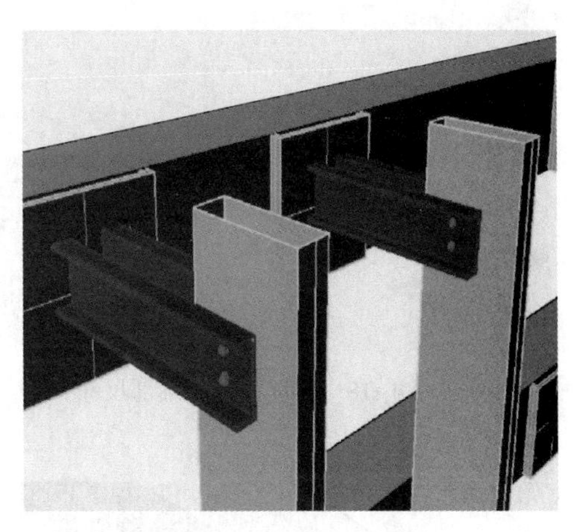

图 4-16 幕墙龙骨细部节点

图 4-17 现场幕墙施工照片

4.2.2.2 南入口幕墙 BIM 技术应用

南入口幕墙为点式玻璃幕墙，龙骨为鱼腹式钢结构，这样就对龙骨下料加工图的准确性以及对现场施工提出了更高的要求。常规的二维制图很难满足工期、难度的要求，经讨论决定采用 BIM 技术进行三维建模。设计人员决定采用犀牛软件进行三维建模、划分幕墙表面进行三维分格定位。预埋件点位细部尺寸如图 4-18 所示，钢桁架下端安装详细节点如图 4-19 所示，钢桁架上端安装详细节点如图 4-20 所示，爪件安装位置的详细节点如图 4-21 所示。

4.2.3 幕墙施工后期的应用

本工程 BIM 应用在配合装修单位进行后期装修设计工作，提供必要的设计支持。结合装修的设计意图幕墙系统末端进行核对，在 BIM 信息模型的辅助下，协调解决冲突部位。

图 4-18　预埋件点位细部尺寸

图 4-19　钢桁架下端安装详细节点

图 4-20　钢桁架上端安装详细节点

图 4-21　爪件安装位置的详细节点

运用 BIM 信息模型对分包施工情况进行可视化验收，对不符合设计意图的地方提出整改建议。提供可视化模型，参加最终的竣工验收并对验收过程中出现的深化设计方面的问题及时给出解决方案。

配合项目部管理人员，整理一套完整的能反映本标段工程幕墙安装实际情况的竣工 BIM 信息模型提交相关单位，用于后期运营维护需要。竣工资料应满足业主和国家或项目当地相关标准的要求。

4.2.4　项目小结

BIM 不仅是一类软件，更是一种新的思维方式。BIM 已经超越了设计和施工阶段，它涵盖了项目的整个生命周期。从短期来说，它使建筑工程更快、更省、更精确，使各工种配合得更好，因而减少了图纸的出错风险，大大提高设计乃至整个工程的质量和效率。从长远来说，它不断提供质量高、可靠性强的信息来使建筑物的运作、维护和设施管理能更好地运行，持续地节约了成本。BIM 的运用无疑是建筑界的一场工业大革命。

4.3 华润深圳湾国际商业中心项目

项目位于深圳湾畔后海经济核心区。华润大厦“春笋”项目，采用密柱框架——核心筒结构体系，建筑高度 400m。住宅悦府项目，采用框支剪力墙结构，建筑高度 168m。六星级酒店项目，采用钢骨混凝土框架——核心筒结构体系，建筑高度 264.1m，用地面积 $8.57\times10^4m^2$，总建筑面积 $77\times10^4m^2$。华润大厦全景和施工效果图分别如图 4-22 和图 4-23 所示。

图 4-22 华润大厦全景效果图

图 4-23 华润大厦施工中

4.3.1 BIM 应用实施策划及标准

详细规范的 BIM 应用实施策划及标准，才能使项目的 BIM 应用顺利进行，真正辅助施工团队实现 BIM 应用价值，避免增加建模投入、由于缺失信息而导致工程延误、BIM 应用效益不显著等问题。BIM 实施策划如图 4-24 所示，BIM 建模标准如图 4-25 所示。

4.3.2 BIM 应用软硬件配置

BIM 核心应用软件主要采用 Tekla v.19 对钢结构进行建模，采用 Autodesk Revit 2014 对建筑、结构、机电专业进行建模，以及 BIM 应用的相应辅助软件的应用。

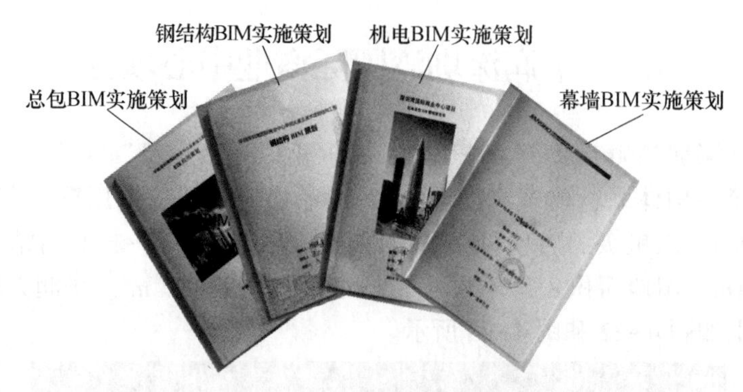

图 4-24　BIM 实施策划

图 4-25　BIM 建模标准

硬件和软件是一个完整的计算机系统互相依存的两大部分，硬件配置应满足软件运行的需求。该项目硬件配置见表 4-1，软件配置见表 4-2。

表 4-1　硬件配置

名称	硬件配置型号	设备图片	数量/台
戴尔数据服务器	PowerEdge R720 服务器，双英特尔® 至强® E5 CPU，64G 内存，RAID 5 阵列，2T 硬盘 6 块，总共 12T 内存，备份 6T。 操作系统 Windows Server 2008R2		1
兼容台式电脑	处理器：英特尔 酷睿 i7-4790K 原盒 显卡：影驰 GTX780HOF 名人堂 4GB 双显示器：戴尔 UltraSharp U2412M 24 英寸宽屏显示器 主板：技嘉 Z97M-D3H 操作系统：Windows 7 旗舰版 64 位（简体中文）		12

续表 4-1

名称	硬件配置型号	设备图片	数量/台
戴尔移动工作站 M6800	处理器：英特尔® 酷睿™ i7-4910MQ 处理器（四核 2.80GHz，3.80GHz Turbo，6MB 47W，含 HD 显卡 4600） 显卡：Nvidia® Quadro® K4100M 含 4GB GDDR5 操作系统：Windows 7 旗舰版 64 位正版系统（简体中文）		2
平板电脑	尺寸：9.7 英寸；分辨率：2048×1536 核心数：三核心；处理器：苹果 A8X 系统内存：2GB；存储容量：16GB		20

表 4-2　软件配置

序号	软件名称	软件用途
1	Tekla v.19	钢结构建模软件
2	Autodesk Revit 2014	建筑、结构、机电专业三维设计软件；建筑暖通、给排水、电气、管线综合碰撞检查设计应用软件
3	Navisworks Manage 2014	三维设计数据集成，软硬空间碰撞检测，项目施工进度模拟展示专业设计应用软件
4	广联达场地平面布置软件	现场三维模拟，辅助施工部署，场地规划
5	广联达土建/钢筋算量软件	土建工程、钢筋工程量预算软件
6	广联达 BIM 5D 平台	BIM 集成协同工作平台
7	广联云	延伸 BIM 5D 平台管理范围
8	MIDAS 8.0	施工设施设计、安全验算
9	Lumin3D 5.0	施工动画制作、效果图渲染

4.3.3 BIM 模型创建及维护

4.3.3.1 设计阶段 BIM 三维建模

本项目的 BIM 规划由设计院开始，设计院通过创建模型精度为 LOD300 的设计模型，提交给施工单位，施工单位通过不断深化，形成施工阶段可用的 LOD400 的模型。BIM 三维模型如图 4-26 所示。

图 4-26　BIM 三维模型

4.3.3.2　BIM 模型数据交换与集成

在业主 BIM 模型的基础上，通过优化深化，向各分包专业提供模型精度为 LOD400 的施工模型，同时接收各分包专业模型，进行模型集成，完成了 BIM 模型数据的交换与传递。施工模型交付流程如图 4-27 所示。

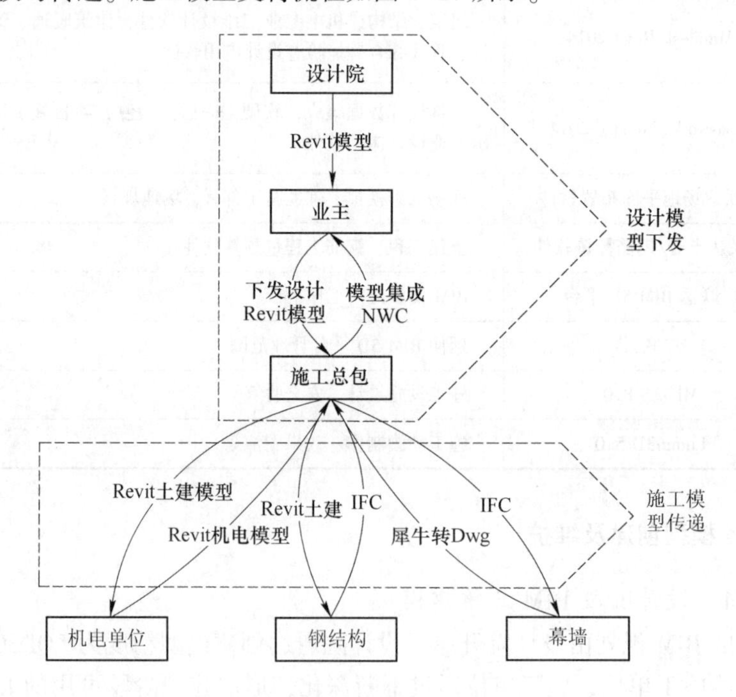

图 4-27　施工模型交付流程

4.3.4 BIM 模型可视化及图纸管理

通过 BIM 云平台，进行项目图纸的三维可视化，技术人员通过三维与二维图纸结合的方式进行，极大地提高了读图识图能力，项目图纸沟通效率也大幅度提高了。

4.3.5 BIM 辅助深化设计

4.3.5.1 土建-建筑结构冲突检测

P03 地块-1（夹层）汽车坡道坡底梁与框架钢骨梁型钢发生碰撞（见图 4-28），坡道梁钢筋需穿过型钢翼缘板而无法施工，经与设计院沟通，取消此处坡道下梁，坡道板直接与型钢梁连接。P03 结构专业图纸缺陷如图 4-29 所示。

图 4-28 坡道处梁碰撞冲突

4.3.5.2 土建-施工措施深化优化

通过建立施工措施模型，比如顶模、动臂塔吊支撑架等与土建模型复核，通过深化设计，导出加工图纸。支撑架与钢梁和钢筋碰撞模型分别如图 4-30 和图 4-31 所示。

4.3.5.3 钢结构与混凝土结构连接位置节点深化设计

在地下室施工时出现有钢结构连接板无法使用，误将钢筋焊接在套筒上进行锚固的现象，比如对北塔第九批钢结构节点 B2N-10JXZ001 深化时，发现此节点上部连接板位置错误，连接钢筋无法排布，对此钢结构节点进行了深化，降低了连接板位置，并提前告知钢结构单位，在工厂进行了修改，保证了现场施工的进度和质

P03结构专业图纸问题

2015年3月12日

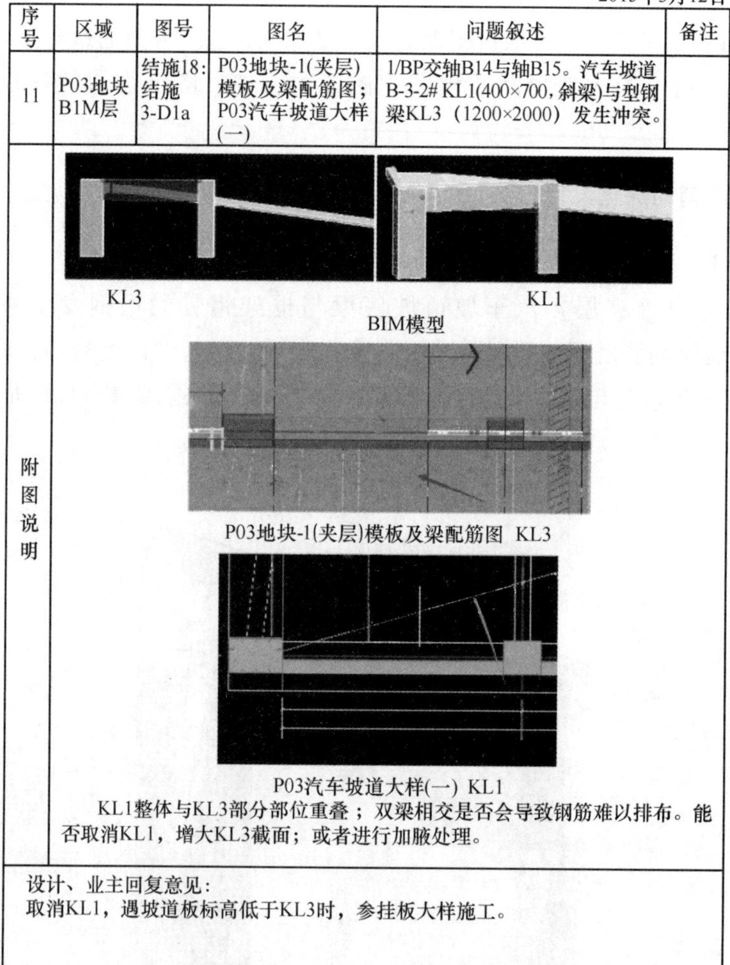

序号	区域	图号	图名	问题叙述	备注
11	P03地块B1M层	结施18：结施3-D1a	P03地块-1(夹层)模板及梁配筋图；P03汽车坡道大样(一)	1/BP交轴B14与轴B15。汽车坡道B-3-2# KL1(400×700，斜梁)与型钢梁KL3（1200×2000）发生冲突。	
附图说明	KL3　KL1 BIM模型 P03地块-1(夹层)模板及梁配筋图　KL3 P03汽车坡道大样(一)　KL1 KL1整体与KL3部分部位重叠；双梁相交是否会导致钢筋难以排布。能否取消KL1，增大KL3截面；或者进行加腋处理。				
设计、业主回复意见： 取消KL1，遇坡道板标高低于KL3时，参挂板大样施工。					

图 4-29　图纸缺陷

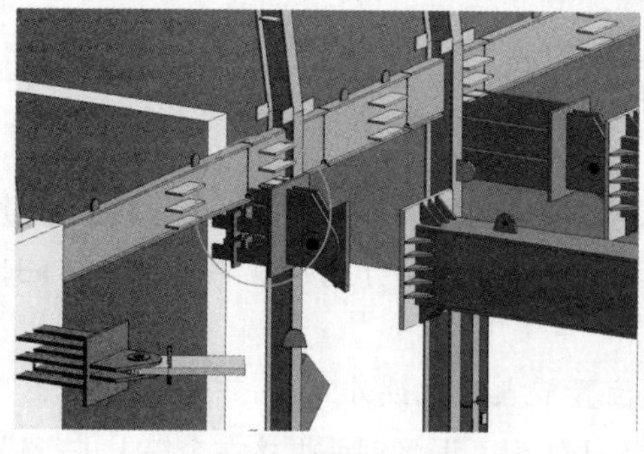

图 4-30　支撑架与钢梁碰撞

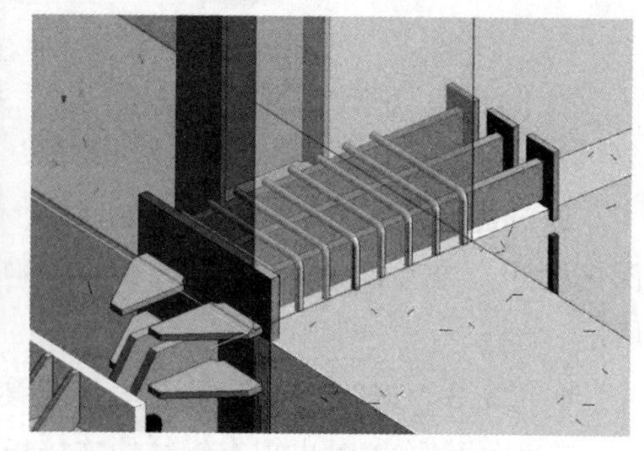

图 4-31　支撑架与钢筋碰撞

量。节点深化前和深化后模型分别如图 4-32 和图 4-33 所示，节点现场实际图如图 4-34所示。

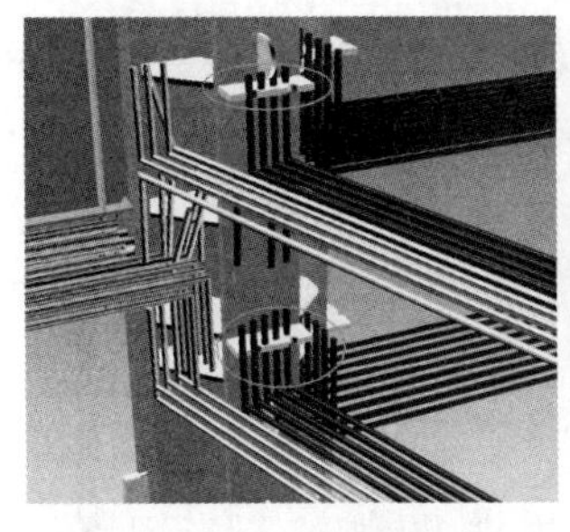

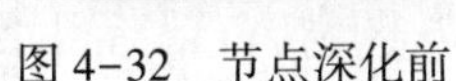

图 4-32 节点深化前　　图 4-33 节点深化后　　图 4-34 节点现场实际图

4.3.5.4 复核桩基的爆破点高程

通过对桩基爆破振动监测数据的处理分析，发现随着桩基掘进深度的增加，爆破振动的衰减很明显，并通过爆破点数据形成爆破点模型演示。爆破点高程数据如图 4-35 所示，爆破点模型演示如图 4-36 所示。

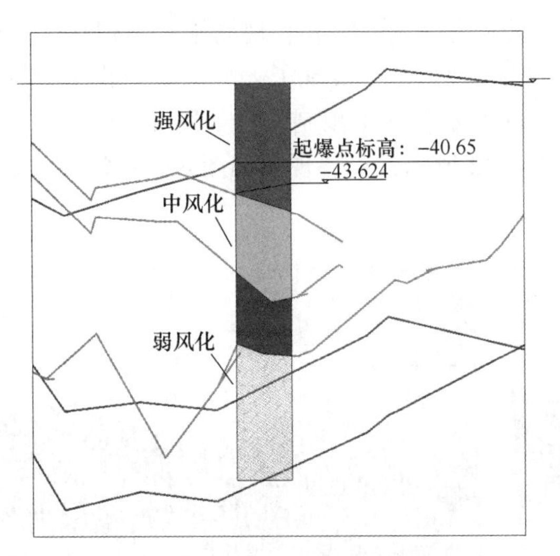

图 4-35 爆破点高程数据

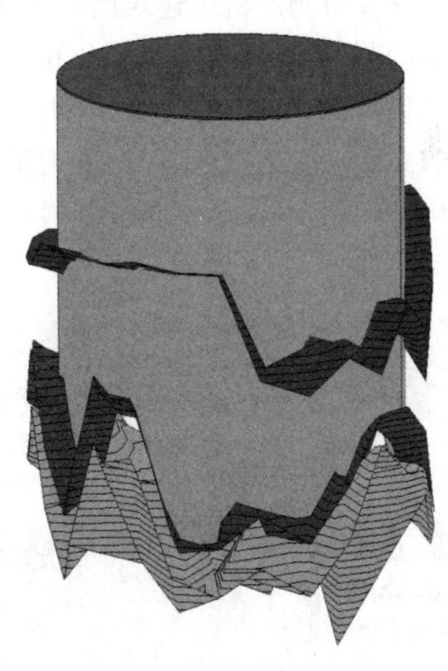

图 4-36 爆破点模型演示

4.3.5.5 钢结构-设计图查漏与优化

钢结构埋件与劲性结构中钢骨柱、钢骨梁存在大量碰撞，通过 BIM 模型自动检测可以快速发现，提前进行优化，避免影响现场施工进度。埋件与核心筒钢柱、钢连梁碰撞如图 4-37 所示，弧形外框柱折点选择方案优化如图 4-38 所示。

4.3.5.6 钢结构-构件查找与定位

本项目钢结构多为异形、倾斜构件，对于构件定位需要的坐标相较于其他项目成倍增加，若全部从平面图纸中查询将耗费大量时间。通过在 BIM 模型中直接选择构件查看属性信息，极大提高了信息查询效率；可以通过构件号、零件号筛选，对其进行定位，进行标高、轴线、重量查询，当前模型构件总数量 1172 件，单个构件平均查找、查询时间 2min，比传统翻阅图纸方式节省了大量时间。扫码查看项目轴线、总体信息查询页面。

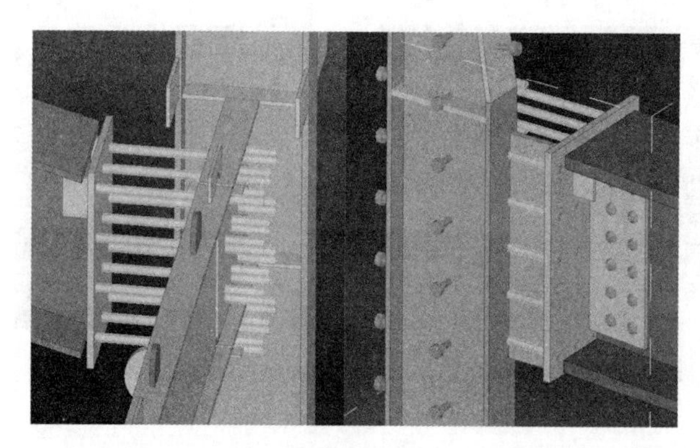

图 4-37　埋件与核心筒钢柱、钢连梁碰撞　　图 4-38　弧形外框柱折点选择方案优化

4.3.5.7　机电预制冷冻机房

该项目制冷机房建筑面积约 732m²，包含 4 台冷水机组和 12 台空调水泵。项目实施的制冷机房 100%工厂化预制、现场实物一次性安装、现场施工零焊接，将原本现场需要“两个月”的工期缩短至现场“两天”，实现了大型机房安装速度与质量的飞跃。冷冻机房 BIM 模型如图 4-39 所示，加工预制构件如图 4-40 所示，预制构件如图 4-41 所示，安装过程如图 4-42 所示，安装现场如图 4-43 所示，安装完成后如图 4-44 所示。

图 4-39　冷冻机房 BIM 模型

图 4-40　加工预制构件

图 4-41　预制构件

图 4-42　安装过程

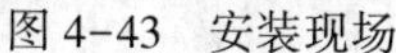

图 4-43　安装现场　　图 4-44　安装完成

4.3.5.8　幕墙单元板块深化

对幕墙特殊交接位置（如交叉金属装饰条）建立初步模型，通过选取节点深化，将难以想象的空间拼装关系实体化，从而确定现场拼装所需材料。在幕墙施工阶段，幕墙板块可结合实际安装进度在建筑整体模型上体现，清晰显示幕墙的安装进度。幕墙装饰条框架及节点如图 4-45 所示。

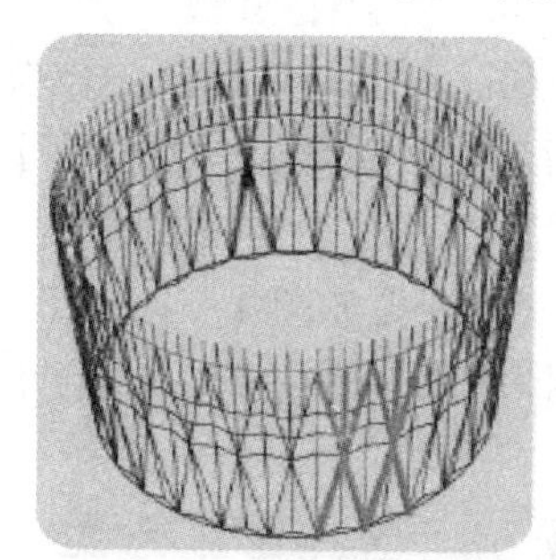

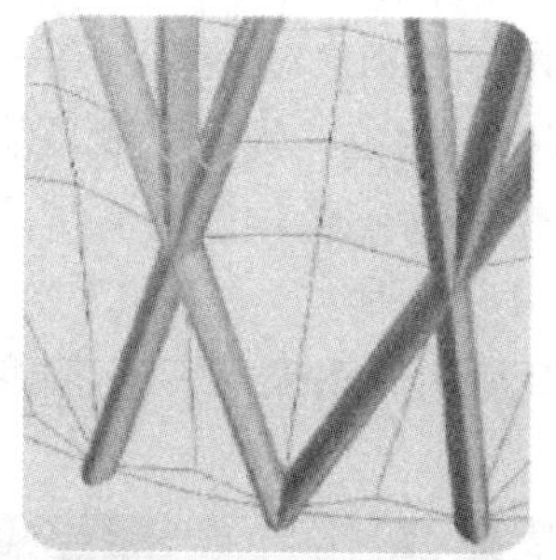

图 4-45　幕墙装饰条框架及节点

使用专业 BIM 软件进行幕墙板块建模，可以快速分析与主体钢构的碰撞关系。另外，通过软件可针对幕墙单元进行构件预拼装，不仅能校验施工图的组装合理性，更能直接输出构件加工图，直接输入数控加工设备加工。从设计方案至单元组装安装提供一体化的质量控制。幕墙板块及安装如图 4-46 所示，结构柱与装饰面平面位置如图 4-47 所示，结构柱与装饰面三维模型如图 4-48 所示。

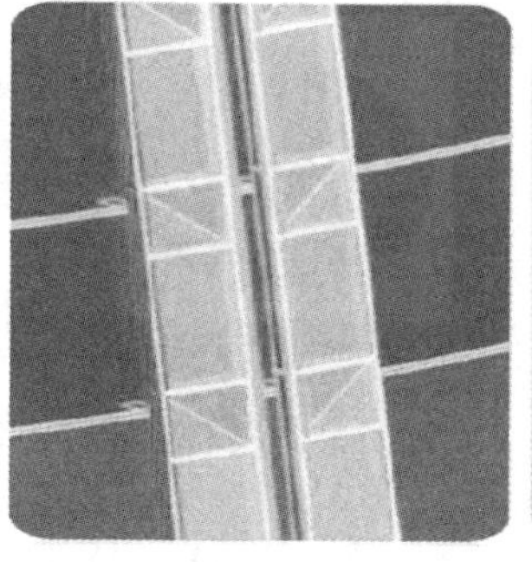

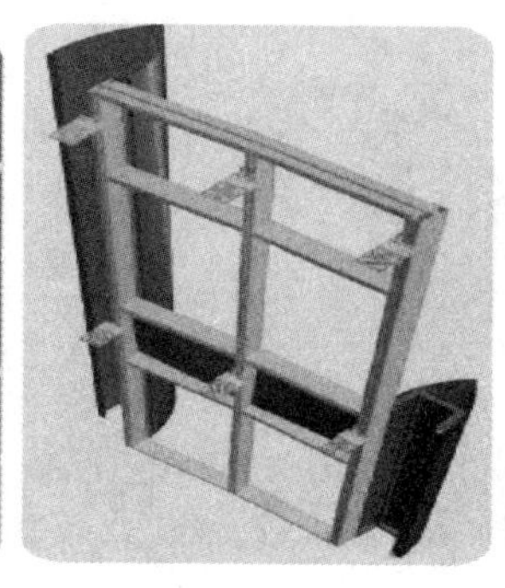

图 4-46　幕墙板块及安装

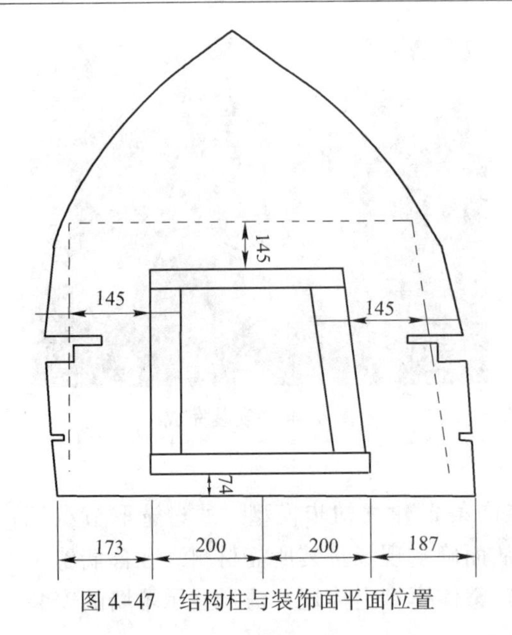

图 4-47　结构柱与装饰面平面位置

图 4-48　结构柱与装饰面三维模型

4.3.5.9　幕墙与钢构放样复核

通过将幕墙 BIM 模型与钢结构 BIM 模型结合在一起，可以快速对任一位置切片复核。配合设计、幕墙复核相对定位，配合完成幕墙外皮间距复核，外框柱定位设计审核，避免了因碰撞造成的幕墙定位偏差与质量问题。塔冠安装模拟如图4-49 所示，春笋塔楼测量模拟如图 4-50 所示，春笋贝雷架安装模拟如图 4-51 所示，住宅区域看房路线模拟如图 4-52 所示，铝模安装工艺模拟如图 4-53 所示，动臂塔吊拆除模拟如图 4-54 所示。

图 4-49　塔冠安装模拟

图 4-50　春笋塔楼测量模拟

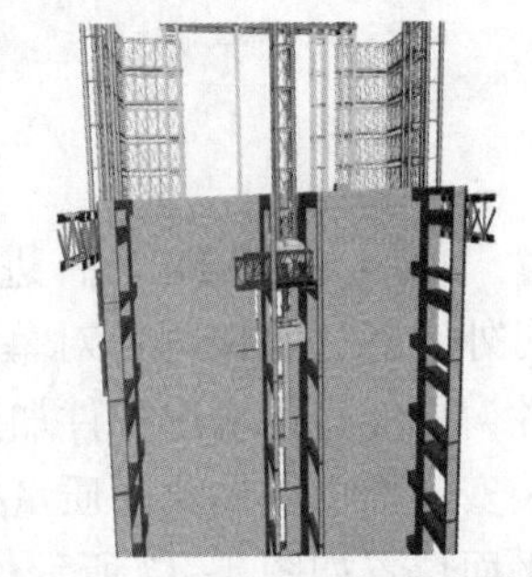

图 4-51　春笋贝雷架安装模拟

图 4-52　住宅区域看房路线模拟

图 4-53　铝模安装工艺模拟

图 4-54　动臂塔吊拆除模拟

4.3.6 顶模平台设计与施工管理

4.3.6.1 顶模 BIM 三维深化设计

华润大厦采用顶模施工，利用 TeklaStructures 建立三维模型，进行设计和校核，检查碰撞，优化顶模设计。将 BIM 模型导入 Midas Gen，进行受力分析及验算，确保施工顺利进行。

4.3.6.2 顶模爬升工序模拟

华润大厦核心筒的 48 层处结构收缩，此处顶模平台框架内收，此处顶模下支撑架承力件附着困难，经过模拟分析后将原来承力件滑移的方式优化为侧翻，减少了承力件安装时间，加强了稳定性。

对顶模爬升工序进行模拟，分析顶模在华润大厦核心筒变截面时候的爬升及收缩关系，检验爬升时顶模桁架与结构发生碰撞，检验顶模承力件的附着位置是否合理。顶模平台框架内收模型如图 4-55 所示，顶模爬升碰撞模拟如图 4-56 所示，顶模桁架与钢连梁二维图纸如图 4-57 所示，顶模桁架与钢连梁三维模型如图4-58 所示。

图 4-55　顶模平台框架内收模型

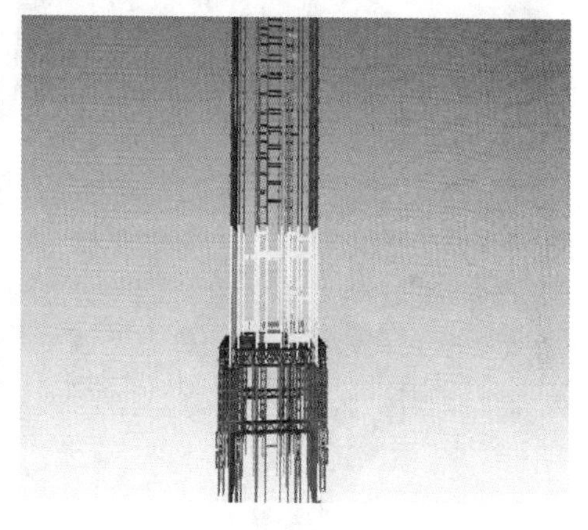

图 4-56　顶模爬升碰撞模拟

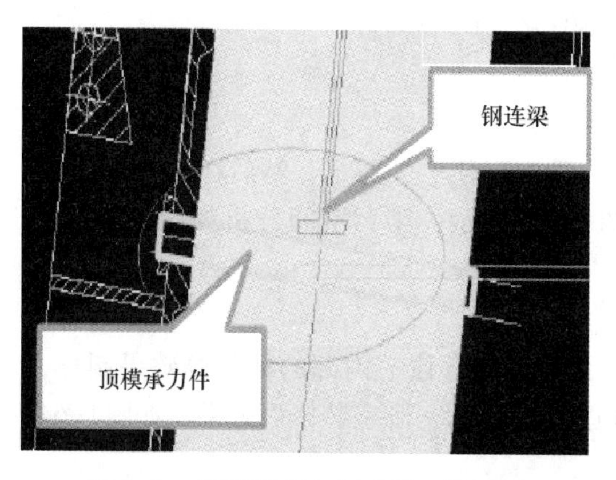

图 4-57　顶模桁架与钢连梁二维图纸

图 4-58　顶模桁架与钢连梁三维模型

4.3.7　住宅施工 BIM 应用

4.3.7.1　铝模施工工艺

采用 BIM 技术对铝模进行深化设计，三维出图，精细化加工，确保铝模规格、精度。大幅降低废料产生概率及因错返工次数，提高铝材使用效率、节约成本、缩短铝模加工及生产周期。铝模深化加工如图 4-59 所示。

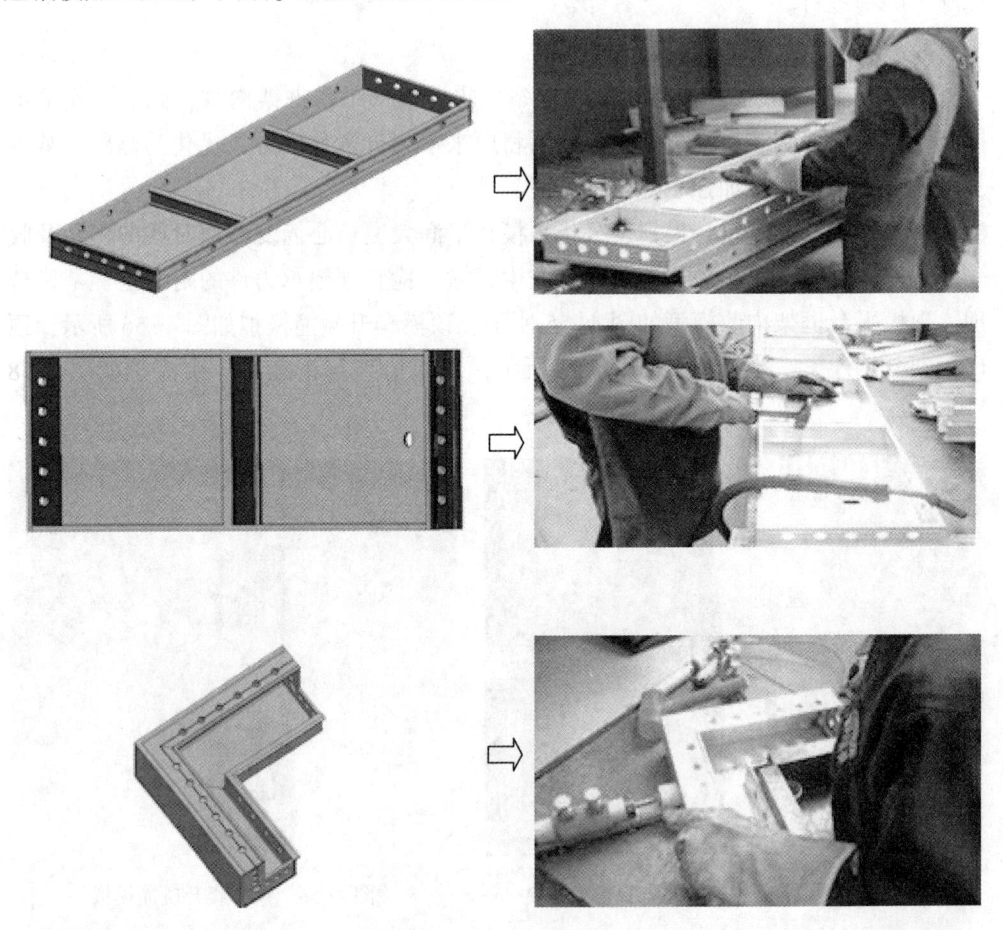

图 4-59　铝模深化加工

4.3.7.2　住宅区域房间功能空间分析

室内设计之前首先要进行功能的分析，即人对住宅的需求，然后在功能分析的前提下进行空间划分。卧室空间分析如图 4-60 所示，阳台空间分析如图 4-61 所示，客厅空间分析如图 4-62 所示。

4.3.7.3　住宅区域精装修样板间

BIM 模型为 1：1 展示现场实际。利用 BIM 进行住宅内部的精装修效果制作，更能体现真实情况。客厅装修后效果图如图4-63所示，卧室装修后效果图如图4-64所示。

图 4-60 卧室空间分析

图 4-61 阳台空间分析

图 4-62 客厅空间分析

图 4-63　客厅装修后效果图

图 4-64　卧室装修后效果图

4.3.8　基于 BIM 的质量安全管理

4.3.8.1　使用三维施工方案交底提升施工质量

项目造型独特，结构部位理解难，通过三维图片或者三维动画进行交底，使复杂的结构清楚、直观地呈现出来，能有效避免施工过程中的质量问题。华润坡道消除演示动画如图 4-65 所示，会议室三维交底如图 4-66 所示，现场顶模三维模型展示如图 4-67 所示，现场钢结构节点交底如图 4-68 所示。

图 4-65　华润坡道消除演示动画

图 4-66　会议室三维交底

图 4-67　现场顶模三维模型展示

图 4-68　现场钢结构节点交底

4.3.8.2　BIM管理平台移动端反馈现场质量安全问题

使用广联达BIM 5D平台与广联云的进度质量问题追踪功能，现场的施工管理人员使用手机客户端将现场质量安全问题记录并反馈到BIM模型中的相应位置，项目领导层第一时间发现并处理反应的问题。

4.3.8.3　现场动态样板引路系统

使用现场动态样板展示间，将展示端与项目私有云连接，通过BIM动画和模型为现场的施工方案交底，现场工长通过电子屏查阅云平台中的工艺做法及三维演示动画。现场动态样板如图4-69所示。

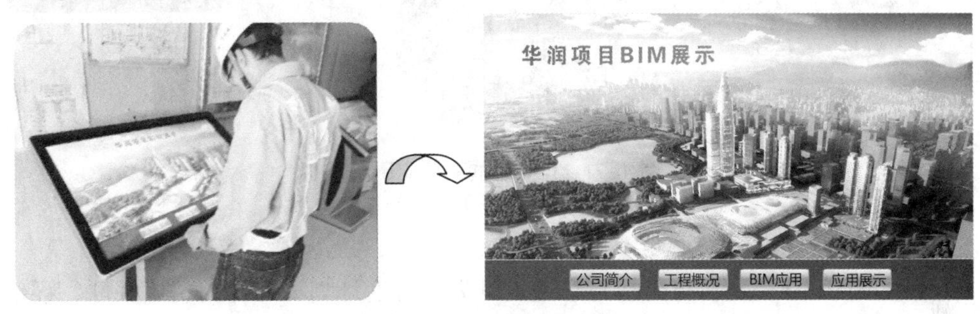

图4-69　现场动态样板

通过项目动态样板引路系统，对项目的各项施工工艺流程进行动态样板引路，大幅提升项目施工质量，项目在华润置地华南片区质量评比中多次获得第一名。动态样板引路系统如图4-70所示。

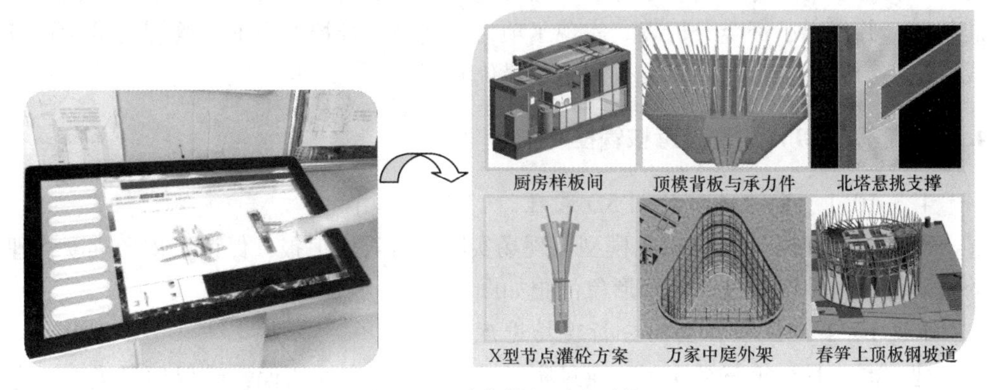

图4-70　动态样板引路系统

4.3.9　BIM辅助商务管理

4.3.9.1　协同商务应用

本项目利用广联达BIM算量与Revit交互插件GFC，将项目土建专业BIM模型导入到广联达BIM土建算量软件，充分利用BIM模型，精确计算混凝土等工程量，避免重复建模，实现了技术与商务的协同应用；再将广联达土建模型、广联达钢筋模型集成到BIM 5D平台进行资源、资金分析，实现BIM与商务的协同管理。BIM协同商务应用流程如图4-71所示。

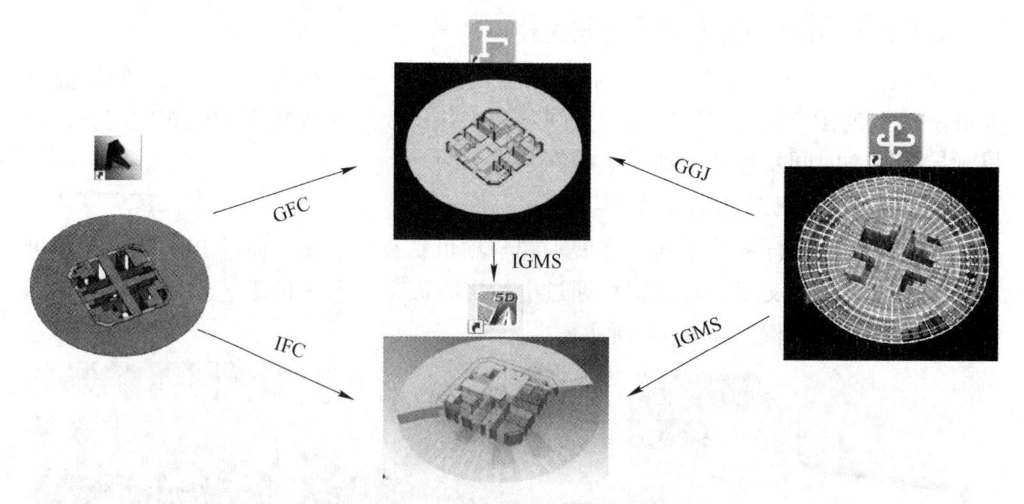

图 4-71　BIM 协同商务应用流程

4.3.9.2　资源动态管理

利用 BIM 5D 平台，将模型与总进度计划、月度计划、周计划精确关联，详细到各流水分区的墙、梁、板柱施工，分析得出了项目每个月、每一周及累计各月的混凝土、钢筋等资源计划，以及现场实际消耗量与计划量的对比分析图，并得出了资源分析表、资源进场计划及物资采购计划，实现了项目的资源动态管控。

利用 BIM 5D 平台，将项目的合同清单、成本清单导入 BIM 5D 里面关联模型，得出项目每个月、每一周、累计各月的资金计划，以及实际资金与计划资金的对比曲线图，并得出了资金分析表。实现了项目资金动态管控，有助于管理人员对现场成本把控，减小资金风险，实行资金的最优利用。

4.3.10　基于 BIM 的进度考核管控

4.3.10.1　资源进度计划 5D 管理

每周的监理例会采用 BIM 模型与现场实际进行对比汇报，保证了现场进度管理的直观性和可控性。进度计划形象汇报如图 4-72 所示。

4.3.10.2　4D 模拟全面分析现场进度

建立周、月、年三级控制，通过实时进度对比、定性纠偏，确保项目进度，完成项目业主方合同中规定的全部节点。月进度控制图片如图 4-73 所示，年进度控制图片如图 4-74 所示。

4.3.10.3　施工进度问题预警追踪

运用施工模拟，提前预警可能出现的进度滞后情况，并通过质量、安全问题及进度相关数据的统计，进行滞后原因分析。扫码查看模型中显示红色预警图。

4.3.11　BIM 云平台协同管理

4.3.11.1　BIM 云平台协同管理架构

通过搭建项目各参建方文档和任务协同平台和总承包部 BIM 5D 云应用平台

图 4-72 进度计划形象汇报

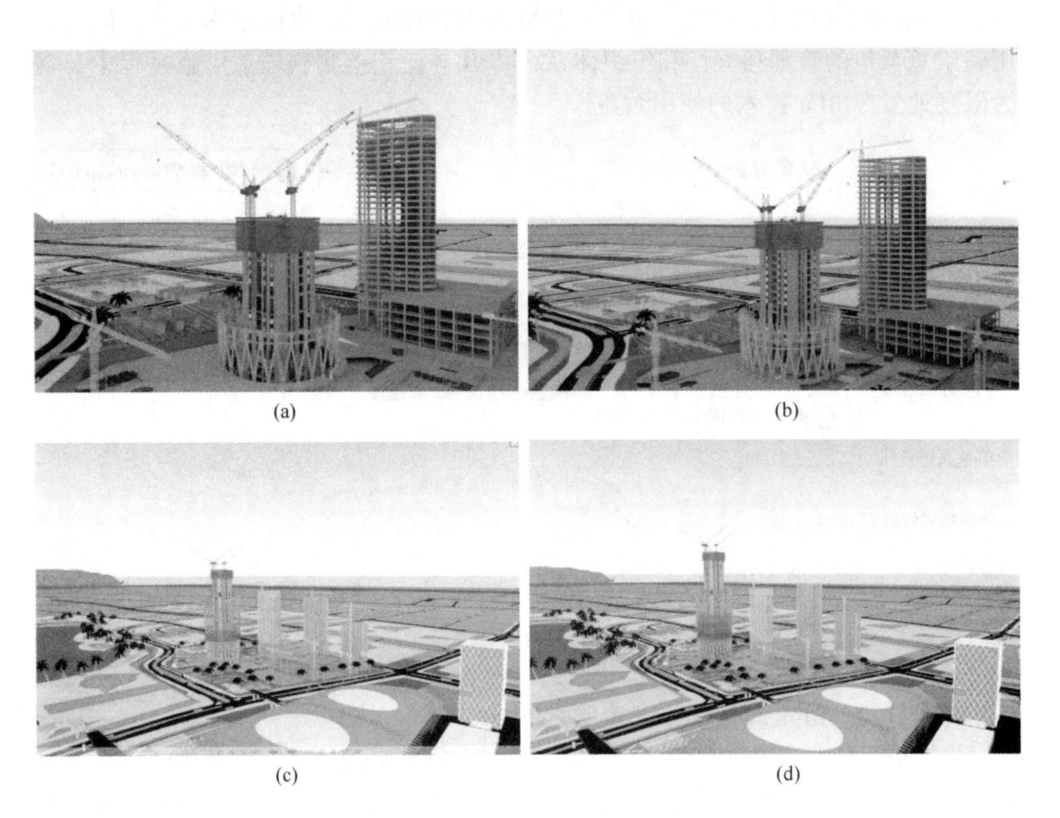

图 4-73 月进度控制图片
(a) 3 月底现场施工进度；(b) 4 月底现场施工进度；
(c) 5 月底现场施工进度；(d) 6 月底现场施工进度

图 4-74　年进度控制图片

（见图 4-75），在管理平台中通过 BIM 模型将项目各参与方进行协同管理，确保整个实施过程（设计、施工、竣工）BIM 数据管理的责任主体始终如一，同时利用施工总承包的管理独立性和组织体系，将 BIM 应用落实到施工实施过程中，最大限度地发挥 BIM 技术的使用效益。

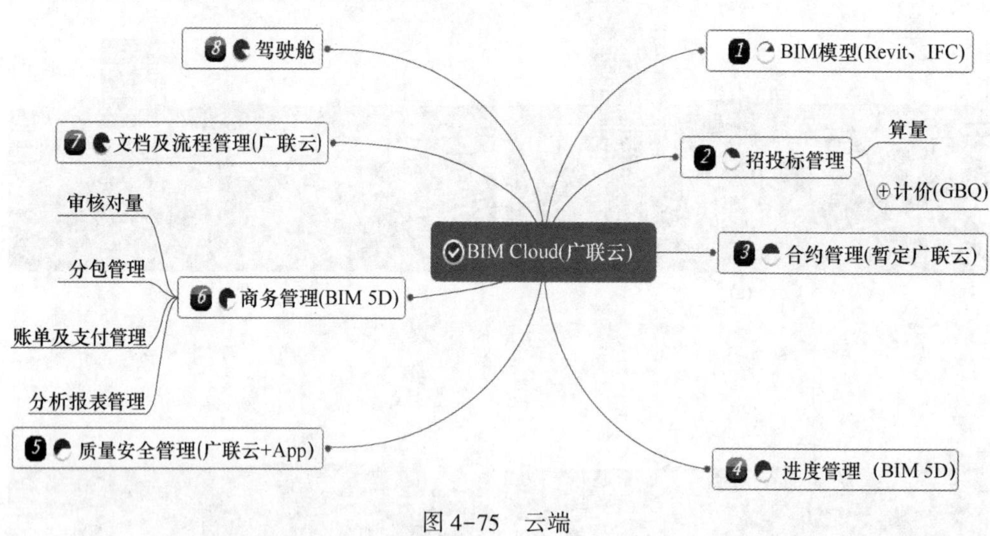

图 4-75　云端

4.3.11.2　BIM 云平台协同管理应用

根据华润特大型项目管理组织架构，总承包管理采用矩阵式管理模式，在 BIM 云平台中建立总包项目空间对项目进行集约化管理，同时在总包项目下建立各区域团队项目空间实现精细化管理，充分展现了 BIM 的集成化与精细化的管理特征。

扫码查看项目各参与方云应用中的集成项目管理、成员管理、权限管理、图档管理、模型浏览和任务管理界面。

扫码查看总承包方 BIM 5D 云应用中的手机端、BIM 5D PC 端、模型网页浏览、质量安全管理、形象进度和成本分析界面。

4.3.12 智慧工地构建

物料管理（见图 4-76）：针对项目材料的消耗情况，分析出质量不佳的供应商和材料浪费严重的施工单位，自动对材料供应商和施工单位进行分数排名，为企业筛选优秀的供应商和施工单位。

智能测量（见图 4-77）：为实现建造过程关键步骤的数字化检测管理，现场采用智能终端测量产品。这些先进的测量设备都能方便地集成到智慧工地系统。

智能机械（见图 4-78）：对机械设备进行智能化改造及控制。实现智慧工地构建中的机械设备的应用。

视频监控（见图 4-79）：智慧工地重要组成部分，可远程对分散的建筑工地进行统一管理，减少工地人员管理成本，提高工作效率，通过视频监控系统可及时了解工地现场施工实时情况，施工动态和进度。

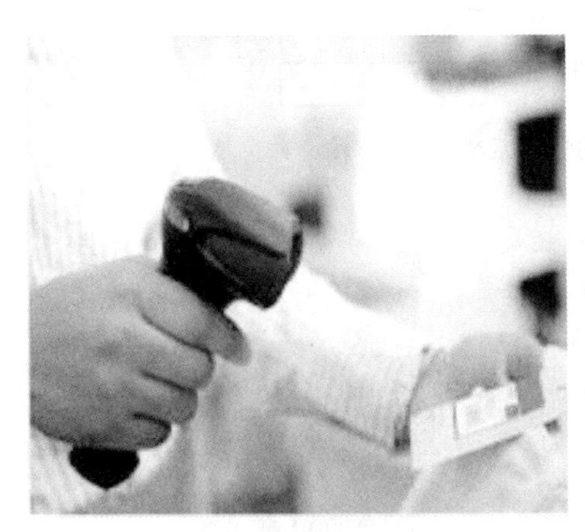

图 4-76 物料管理

图 4-77 智能测量

图 4-78 智能机械

图 4-79 视频监控

4.3.12.1　塔吊监测系统

塔吊监测目的是保证塔吊安全，且分析塔吊附着对核心筒整体受力的影响，实施监测塔吊状态。塔吊监测系统包括传感器、数据解调设备和数据处理终端、无线发射终端组成。传感器采集测点信息，该信息通过导线，传输至数据解调设备，数据解调设备将信息转变成工程样本数据，最终由数据处理终端的服务器、工控机及软件平台运行数据处理和展示。监测主要内容包括塔吊支撑架应力应变监测、塔吊对核心筒主体结构影响监测、预埋件及耳板监测三大部分。塔吊监测系统如图4-80所示，混凝土测点如图 4-81 所示，监控主要界面如图 4-82 所示，无线监测传输系统如图 4-83 所示，塔吊支撑架测点如图 4-84 所示。

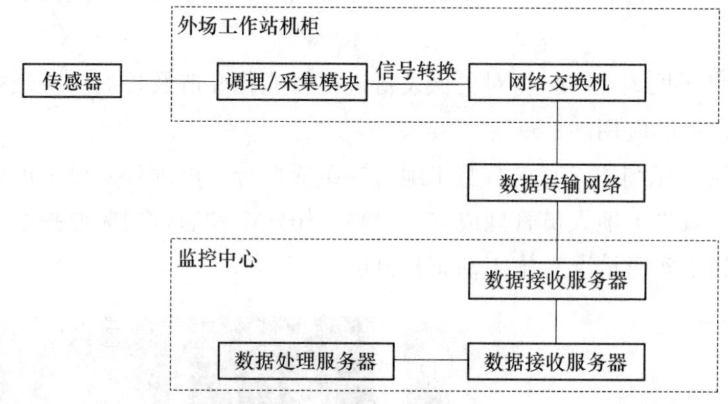

图 4-80　塔吊监测系统

图 4-81　混凝土测点

图 4-82　监控主要界面

图 4-83　无线监测传输系统

图 4-84　塔吊支撑架测点

4.3.12.2 顶模监测系统

顶模监测系统由传感器、数据解调设备和数据处理终端组成，传感器采集测点信息，该信息通过导线，传输至数据解调设备，数据解调设备将信息转变成工程样本数据，最终由数据处理终端的服务器、工控机及软件平台运行数据处理和展示。监控组成如图 4-85 所示。

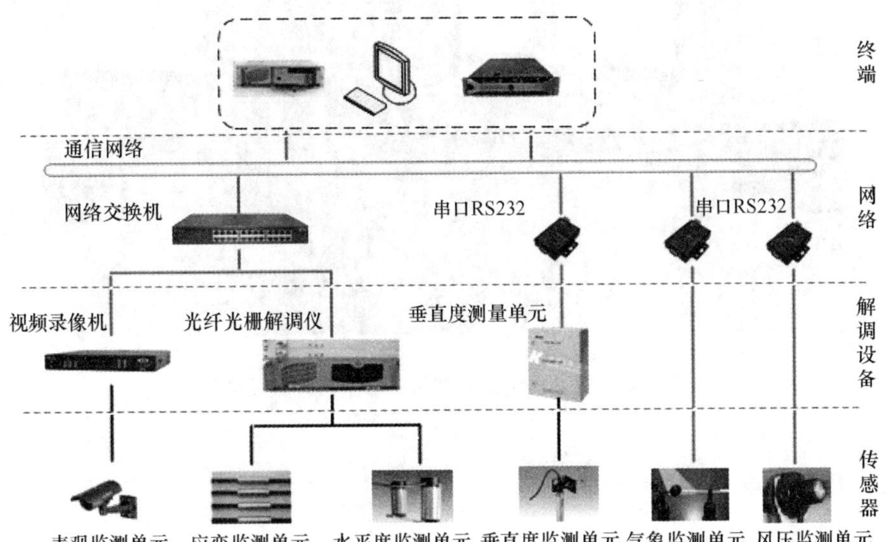

图 4-85 监控组成

采用视频装置，监测支点位置运行时的机构动作情况；采用光纤光栅式传感器，监测一级桁架、支撑立柱和挂爪等应变峰值区域的应变；采用静力水准仪，监测模架顶部，控制点高程；采用倾角仪，监测支撑立柱的垂直度；采用风压变送器，监测模架外围四周的风压。此外，模架还进行温度、风向、风速、油缸油压、油缸行程等内容的监测。监测系统除具有信息采集、处理和展示等功能外，还配有出现异常状态报警及自动停机的功能，从多方面保证了模架体系的安全运行。

4.4 上海老港再生能源利用中心

4.4.1 项目介绍

老港再生能源利用中心位于上海市浦东新区 0 号大堤以西、宣黄公路以北、老港固体废弃物综合利用基地的东南角，建设用地面积 159898m^2，总建筑面积 49805m^2，垃圾处理量约 100 万吨。设计年发电量 3.252×10^8kW · h，项目总投资 14.7878 亿元。以投资额、建筑面积、发电量综合而言，老港再生能源利用中心是目前为止在亚洲地区的生活垃圾发电厂里最大的项目之一。老港再生能源利用中心生活垃圾发电厂如图 4-86 所示。

图 4-86 老港再生能源利用中心生活垃圾发电厂

4.4.2 项目难点

生活垃圾发电厂房项目需符合发电行业标准，具有以下难点：

（1）在厂房设计中，设备布置要求相对集中且需分布合理，具有空间复杂、设计标准高和施工难度大等特点。厂房布置，应满足以下要求：

1）最大限度地满足工艺生产、设备维修的要求；

2）充分有效地利用本车间的建筑面积和建筑体积；

3）为将来的发展和厂房扩建留有余地；

4）劳动安全与工业卫生设计符合有关的规范和规定。

（2）生活垃圾发电厂项目中，系统较多、管道直径大、管材型号多、管道走向复杂，同时设备排布较多。场地布置具有密集、高（最高处达 20 多米）等特点。在该厂房项目中，涉及大小管道众多，风管面积 $18\times10^4 m^2$，其中最大风管规格为 1200mm×800mm。管道安装难度高、体量大。

（3）该项目为上海市重点工程，计划建成亚洲最大的生活垃圾发电厂，对以后的类似建设项目树立标杆作用，因此项目质量要求高。

4.4.3 BIM 软件选择

在厂房机电设计方面，BIM 小组考察了市面上的几款主流机电 BIM 类软件，经过软件功能与实际需求的对比，最终决定在欧特克公司的 Revit 及广联达软件股份有限公司的 MagiCAD for AutoCAD 软件之间进行最后的比较，择优选其一。备选软件见表 4-3。

表 4-3 备选软件

软件名称	Revit	MagiCAD for AutoCAD
产品数据库	自带机电设备族难以支持本项目的机电设计基本需求，自建族工作量大；且参数修改难度大，无法满足种类繁多的工业设备和各种规格管道配件需求	拥有庞大的真实产品数据库，并配有灵活、可自定义的通用设备库功能，支持三维空间漫游和精准专业设计
机电专业计算	单一的计算方式，无法与常规设计方法相比较	可编辑、自定义的多种机电专业计算、运行状态模拟功能
电气设计功能	不完善的电气专业设计功能	灵活、实用、便捷的电气设计功能（如桥架、电缆、灯具等设备的布置与编辑）
人员投入	软件操作较复杂，需要较长时间来学习，不能立即投入到项目应用中	软件简单、明了，易于操作。一般通过3~4 天的培训，可以应用到项目设计中

通过对以上功能的对比，选择了广联达 MagiCAD for AutoCAD 作为机电专业 BIM 软件，并建立 BIM 小组，主要从事 BIM 设计工作。随后，广联达 MagiCAD 的软件培训师对小组人员进行了为期三天的专业 MagiCAD 软件操作培训，考虑到将来涉及的项目对机电安装、工艺设备等设计有较高要求，不仅要解决管线碰撞、管线综合排布等 BIM 常规问题，还需要进行专业的水力计算，对系统运行进行模拟校核，在完成 BIM 模型的前提下还需要出施工图。因此，软件培训师不仅进行了基础建模和配合机电设计应用的培训，更重要的是介绍 MagiCAD 模型中丰富的机电设备管件信息，可以用来进行设备选型、系统校核等深度应用。这些高效和专业化的功能都可以在将来的 BIM 设计项目中提高工作效率。

4.4.4 BIM 应用

4.4.4.1 三维建模

在项目前期，BIM 小组采用 MagiCAD 进行 BIM 三维设计，设计能够做到直观和高效，如图 4-87 所示。建模初期，按照图纸要求，依据专业分为暖通、电气、给排水、热机等小组，先进行专业间的初步综合，排定各专业的标高范围，然后利用 MagiCAD 分别进行建模，最后用 MagiCAD 协同工作的方式将模型整合并进行模型检查。

在三维建模过程中，由于行业不同，其相应设备都有其自身特点，且其体量都比较大，普通的三维产品库都缺乏此类设备。MagiCAD 软件所包含的产品库，其中拥有数百万种产品构件。在该项目中，可通过在 MagiCAD 产品库中搜索项目所需的产品，将其插入三维模型中，从而如实反映实际设备布置和管线排布情况，以保证在密集空间内，既完成选定设备布置，又能综合考虑空间及设计要求。

4.4.4.2 碰撞检测

碰撞检测的顺序一般为：在单专业内进行碰撞检测，调整本专业内的碰撞错

图 4-87　机电模型

误；而后进行机电综合模型碰撞检测，调整机电专业内的碰撞问题；最后是机电与建筑之间的碰撞检测，解决机电与建筑结构之间的碰撞问题。在 MagiCAD 软件中，可通过本图内部碰撞、外部参照碰撞和与 AutoCAD 实体碰撞的选项，一键获得检测报告。扫码查看碰撞监测结果界面。而后可根据碰撞检测结果对原设计进行综合管线调整，并进行人工审核，从而得到修改意见，极大地提升了 BIM 小组的模型质量。

4.4.4.3　解决主要问题

得到碰撞检测结果后，便可得出碰撞检测报告。BIM 小组针对碰撞检测报告进行小组讨论、人工审核，得到汇总结果。由于模型中大小管道交叉，尤其是水专业的管道更是如此，绝大多数碰撞检查的功能是“眉毛胡子一把抓”，这样做的结果就是调整时没有重点可言，往往是调整了一堆小管道的碰撞后，发现还有一根大管道的碰撞没有解决。MagiCAD 的碰撞检测提供了水系统管径过滤的功能，可以借助该功能，对碰撞位置按重要性进行分级，第一时间抓住主要矛盾，解决主要问题。

4.4.4.4　系统调试

当 BIM 小组完成综合管线调整后，便可在该 BIM 模型的基础上进行系统调试，以校核模型中的设备是否能够按照设计方案正常运行。此时可通过 MagiCAD 中的计算功能，利用模型中的真实产品构件，进行系统的运行工况模拟，从而获得准确的设备工作状态点（如阀门开度等），从而进一步对系统方案进行优化，在传统深化设计的基础上，达到绿色节能的效果。

在老港再生能源利用中心项目中，BIM 小组付出了很大的艰辛，所幸其效果还是非常显著的。在广联达 MagiCAD 软件的帮助下，设计过程节约了 9 个月的时间，并且通过对模型的深化设计，节约成本数百万元，实现了节能减排、绿色环保的成效，响应了国家号召，真正实现了老港再生能源利用中心的存在价值。

4.5 某新能源汽车有限公司车身能源中心机电安装项目

4.5.1 项目简介

该项目建筑面积7305.01m²，主车间建筑高度13.95m。主体一层，局部二层，结构形式钢筋混凝土框架结构。项目机电安装工程主要有压缩空气系统（含余热回收）、锅炉房热水系统、空压站循环水系统的设备、给排水系统、中水系统、消防、暖通系统、制冷站制冷系统、电气桥架、设备安装及支吊架安装。厂房鸟瞰图如图4-88所示。

图4-88 厂房鸟瞰图

4.5.2 项目特点及难点分析

（1）工期短、工作量大，站房多且站内空间有限，管线交汇繁杂。

（2）采用装配式施工。运用BIM技术合理优化管线后，进行管道预制编码，进行管道二维码标识。

（3）施工现场专业队伍多、材料多、工序复杂、设备采购由其他队伍完成，导致进度编制、跟踪困难，易出现专业作业面干涉现象，影响工期。

（4）各专业、各参与方进行协同的方式烦琐，影响深化设计，若采用传统方式协调难度大，数据传递不便。缺乏对深化设计中大量文档的有效管理和协调，协同效率低。

4.5.3 项目团队介绍

BIM团队总体组织架构如图4-89所示。

4.5.4 BIM基础应用

4.5.4.1 综合管网优化设计

本项目机电安装工程涉及专业多，管线排布复杂，机电安装末端设备安装难度

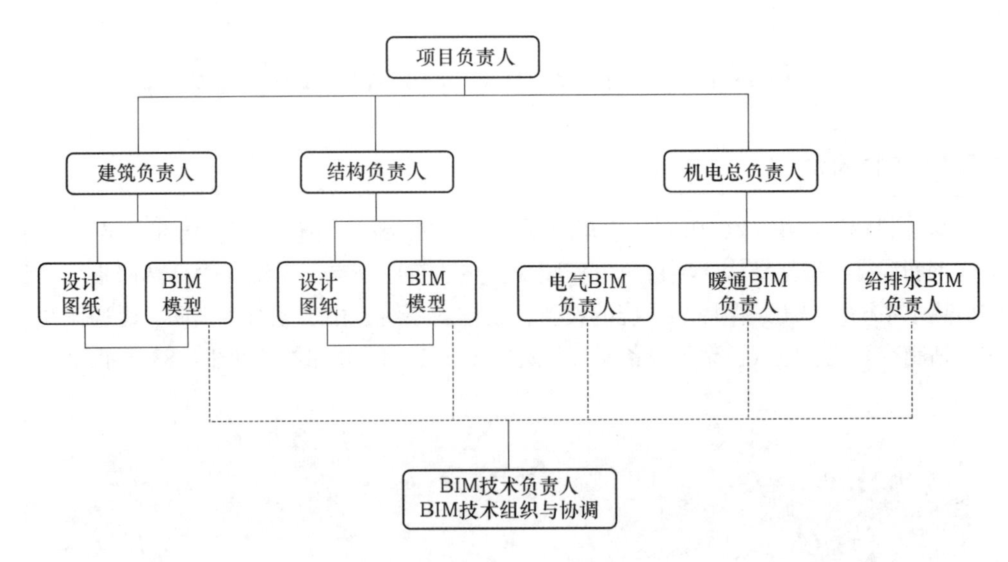

图 4-89 BIM 团队总体组织架构

极大。通过 BIM 建模，进行综合管线布置，在模型上不断调整实现施工的美观与合理，避免返工。项目在施工前通过 BIM 模型对项目技术人员进行可视化交底，同时导出二维施工图纸发放项目队直接指导施工。空压站设备管道模型如图 4-90 所示，锅炉房设备管道模型如图 4-91 所示。

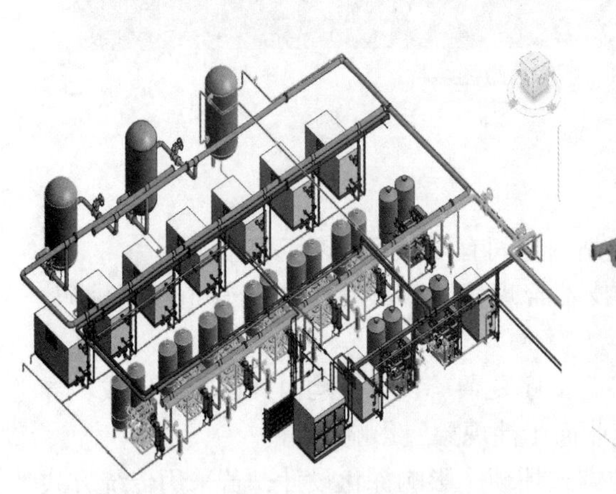

图 4-90 空压站设备管道模型

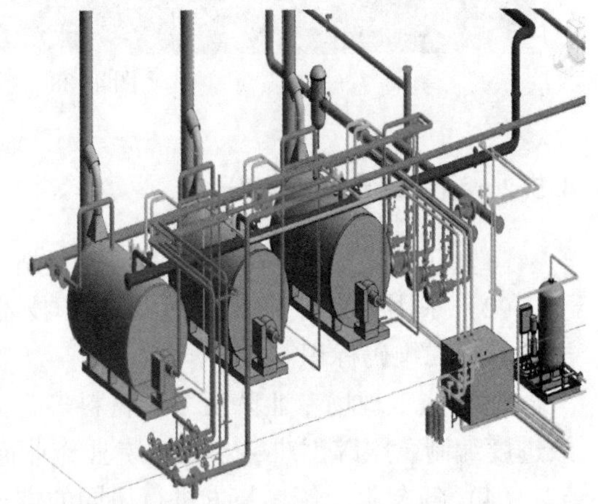

图 4-91 锅炉房设备管道模型

4.5.4.2 碰撞检查，有效减少返工

本项目应用 BIM 技术，将多专业模型集成到统一的模型中，通过专业的 BIM 碰撞检查软件，在虚拟的三维环境下进行快速、全面、准确的计算，并检查出设计图纸中的错误、遗漏及各专业间的碰撞等问题，消除由此产生的设计变更和工程洽商，减少施工中的返工、节约成本、缩短工期、降低风险。管道优化前和管道优化后模型如图 4-92 和图 4-93所示。

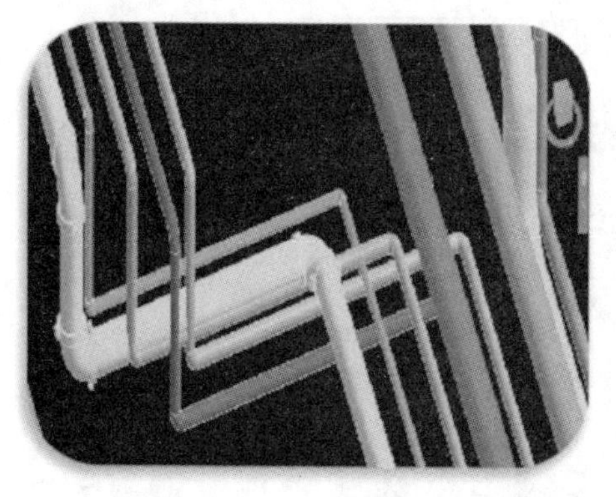

图 4-92 管道优化前

图 4-93 管道优化后

4.5.4.3 设备接口处管道连接

设备接口处的管道连接方式，需要按照实际设备接口位置来确定，在施工前通过 BIM 对管道接口进行深化，提前确定管道走向，为现场顺利施工提供了保障。原设计管道和实际设备的管道连接图分别如图 4-94 和图 4-95 所示。

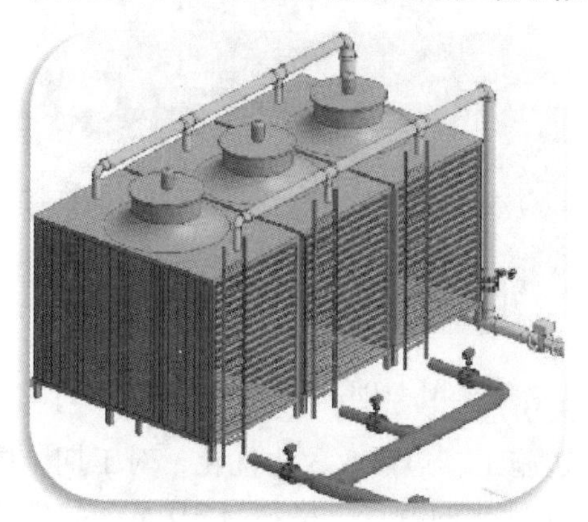

图 4-94 原设计管道

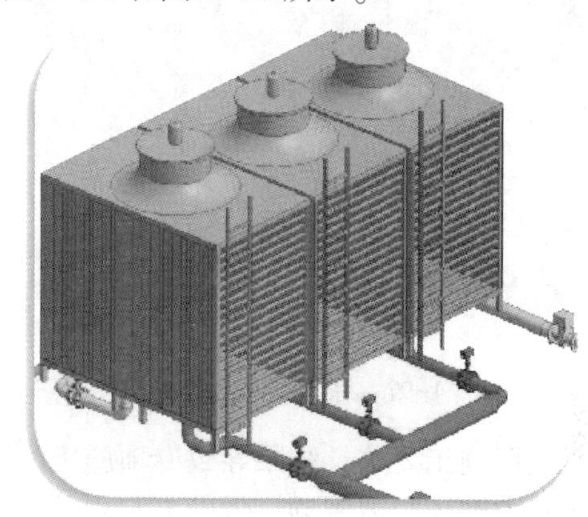

图 4-95 实际设备的管道连接

4.5.4.4 工程量统计

有关研究表明，工程量计算的时间在整个造价计算过程中占到 50%~80%。利用基于 BIM 的工程量计算软件可有效提高算量工作的准确性和效率。扫码查看材料表。

4.5.4.5 综合支吊架的布置

在规划管道的同时妥善考虑管道支吊架的位置，支承方式及生根方法。支吊架的间距、型钢材料、管箍样式等按照国家标准选用。考虑该项目管道规格较大，为确保支吊架承载能力，支吊架生根方法采用预埋钢板焊接生根。综合支吊架、综合管廊处支吊架、桥架处支吊架模型图分别如图 4-96~图 4-98 所示。

4.5.5 BIM 深入应用

4.5.5.1 通过施工模拟，优化施工方案

传统施工方案是基于二维图纸和施工经验进行编制的，其施工可行性往往无法

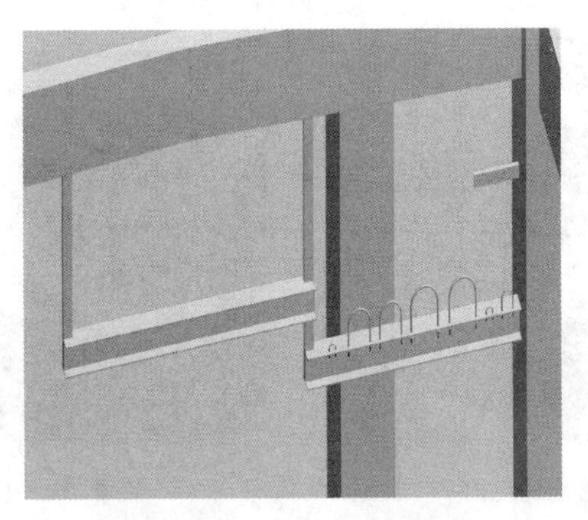

图 4-96　综合支吊架模型

图 4-97　综合管廊处支吊架

图 4-98　桥架处支吊架

满足实际施工要求，结果导致专项施工方案边施工、边修改、边优化，对工期、质量和成本产生较大影响。借助 BIM 技术三维可视化的特点，将其与 3D Max 软件相结合，在虚拟现实中对建筑项目的施工方案进行分析、模拟和优化，通过本技术，可以清晰地把握施工过程中的难点和要点，从而优化方案、提高施工效率，确保施工方案的可行性和安全性。运用 BIM 技术的施工方案如图 4-99 所示。

图 4-99　运用 BIM 技术的施工方案

4.5.5.2　管道预制装配式施工

本项目工期紧、管线复杂、厂房内不允许动用明火，要求对其进行装配式施工。图 4-100 为通过 BIM Revit 软件进行三维建模并自行分段生成的管道分段预制图。

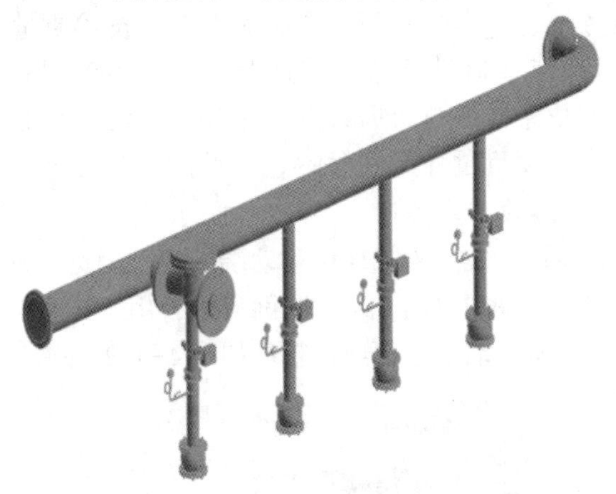

图 4-100　三维预制段

BIM 管道预制分段原则是运输、安装方便，尽量减少接口减少漏点。BIM 管道预制流程是，通过 BIM 软件建模将管道、设备、阀门、仪表、支吊架等构件优化调整后，进行管道分段编号、分段图目编制、施工图纸绘制。二维码打印如图 4-101 所示。

图 4-101　二维码打印

4.5.5.3　BIM 技术与项目管理集成应用

进度管理：通过 BIM 平台对项目进度进行管理，便于项目经理和公司领导实时掌握现场进度情况，及时纠正进度偏差。扫码查看进度计划表界面。

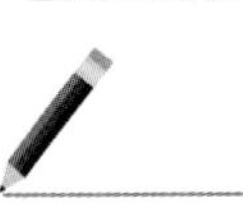

成本管理：通过 BIM 平台对项目成本进行分析、跟踪、合理分配资源，实现实时控制，实时查阅本项目实际成本、计划成本，与以前相似项目成本进行比对。扫码查看成本管理界面。

信息管理：财务部、人力资源部、作业成本部、技术质量部、安保部、项目部与 BIM 信息平台通过接口进行数据传递及时获得 BIM 技术提供的业务数据，支持各参建方之间的信息传递与数据共享，支持各参建方沟通、决策、审批、项目跟踪、通信等，支持项目过程文件存储。扫码查看工程管控模型。

4.5.5.4　基于网络的多方协同

与移动端的集成应用，实现施工现场移动端的模型浏览、批注等。与云平台的集成应用，实现模型的共享和协同。与物联网集成，用于施工材料跟踪、现场安全监测等。利用平板及手机移动端进行项目管理如图 4-102 所示。

图 4-102　利用平板及手机移动端进行项目管理

4.6　某装配式钢结构住宅项目运用 BIM 技术进行管控

4.6.1　项目概况

项目包括装配式钢结构的设计与施工，施工主要包括钢结构框架制作安装工程、钢结构工程、填充墙砌筑工程、内外装饰工程、屋面工程、电气工程、给排水、采暖通风、消防工程施工。

本项目为一类高层住宅，建筑耐火等级为一级。建筑面积约 7465.81m^2 住宅为柱下桩基础，商业网点为独立地基处理，承台及筏板基础底标高-3.2m。

建筑特点为装配式钢结构住宅。主体结构为钢框架中心支撑结构、钢管混凝土矩形柱、H 型钢梁。楼板为现浇式混凝土楼板。外墙采用轻钢龙骨水泥纤维板灌浆墙，内墙采用蒸压加气混凝土砌块。

4.6.2　采用 BIM 技术的原因

（1）钢结构安装精度。为了充分发挥装配式钢结构住宅的施工周期较短的优势，采用地面组装单元，空中安装的方式，虽然构件组装单元吊装缩短了工期，但是空中多节点对接，且受风力等影响，吊车稳定性不高，安装难度加大。

（2）主体钢结构与楼板施工工序交叉作业施工难度加大。每节钢结构（3 层）安装后需要楼板施工同时跟进，楼板的施工又会制约钢结构的下一节的安装，存在上下立体施工，安全防护及保证施工进度的难度加大。

（3）利用 BIM 技术从质量、安全、施工进度、成本、环境保护出发对项目进行精细化管控。

4.6.3　BIM 基础应用

4.6.3.1　钢构节点深化

结合 BIM 技术，以 Tekla 软件为平台建立了结构模型，能够检查设计中错、漏、碰、缺。针对本工程大量存在的复杂钢结构节点，采用了更加精确的机械制造领域 Tekla Structures 软件，并且可以实现钢结构复杂节点的有限元受力性能分析，提高有限元节点分析效率。将加工好的钢结构零件，借助三维扫描技术直接生成数字模型，在计算机上完成预拼装工作，确保拼装工作的顺利进行。钢结构节点模型和照片分别如图 4-103 和图 4-104 所示，钢结构接头模型和照片分别如图 4-105 和图 4-106 所示。

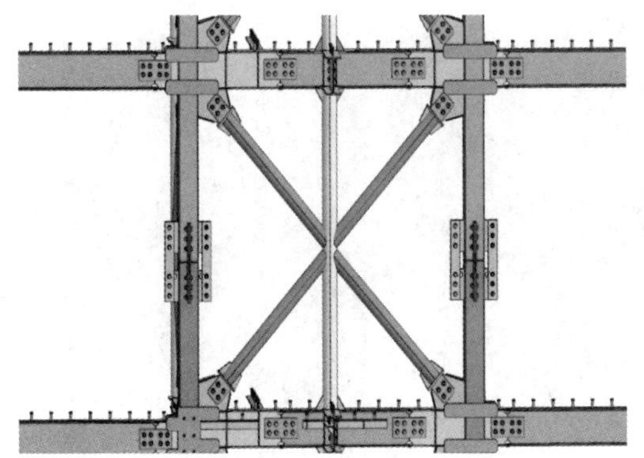

图 4-103　钢结构节点模型

图 4-104　钢结构节点照片

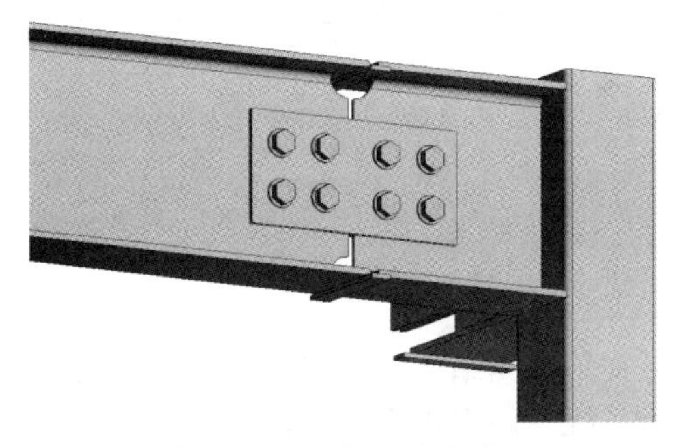

图 4-105　钢结构接头模型

图 4-106　钢结构接头照片

4.6.3.2　三维模型施工模拟

项目通过三维立体模型模拟施工实景，更直观、有效地指导现场的实际施工。同时通过模拟施工过程优化施工进度计划，使其在人力、物资等一系列的安排上更加合理化。基坑模型和照片分别如图 4-107 和图 4-108 所示。

图 4-107　基坑模型

图 4-108　基坑照片

4.6.3.3　三维场地布置

本项目在方案研究时就将现场的平面布置图利用三维的模型表现出来，并进行漫游模拟。讨论其合理性、实用性、可行性。利用有限的土地科学合理的布局。保证现场安全、文明、绿色施工。现场布置模拟如图 4-109 所示。

图 4-109　现场布置模拟

4.6.4　BIM 深入应用

4.6.4.1　装配式钢结构建筑体系

本项目采用的装配式钢结构建筑体系是在传统钢结构体系的基础上，运用通用化的思维，将部品部件通用化，将建筑结构系统、外围护系统、设备与管线系统及内装系统高度集成，并加上全装修，构建新时代的装配式钢结构建筑体系，同时采

用防腐耐候钢，彻底解决钢结构在高盐潮湿地区的腐蚀问题。

通过本装配式钢结构建筑体系实现工厂化率达到 90%以上，绿色环保，节省水泥 70%，主体结构构件通用化率达到 50%以上，建筑过程产生垃圾小于等于 1%，建造速度快，较传统施工方式提高 4~6 倍，建筑材料可循环利用率达 80%~90%。装配式钢结构住宅如图 4-110 所示。

图 4-110 装配式钢结构住宅

4.6.4.2 装配式钢结构住宅体系

本项目在设计上采用叠合楼板，其刚度大、抗裂性好、不增加钢筋消耗。它与现浇板一样具有良好的整体性和连续性，有利于增强建筑物的抗震性能。平面尺寸灵活，便于在板上开洞，能适应建筑开间、进深多变和开洞等要求。

在施工上免去支模、拆模、钢筋绑扎等烦琐的施工工序，极大提高了楼板的施工速度。薄板地面平整，建筑物天花板不必进行抹灰处理，减少室内湿作业，加速施工进度。单个构件重量轻，弹性好，便于运输安装，可利用现有的施工机械和设备。楼板结构如图 4-111 所示。

4.6.4.3 装配式钢结构预制

本项目中楼梯采用混凝土预制楼板，在设计时易于设计，可以根据现实情况改变大小、创建缺口或空隙，及时做出调整。在施工时预制混凝土楼梯比传统楼梯安装速度快，离散性小，结构性能好。同时通过工厂化制作，生产节能，利于环保，降低了现场噪声和污染。预制构件如图 4-112 所示。

4.6.4.4 视频监控与对讲结合提高项目管控

项目经理通过将视频监控系统和对讲机相结合，提高了对整个项目的管控力度，不同于传统方式的在各个单体项目上来回奔走，而是坐在指挥中心通过屏幕对各施工点进行管理，发现问题时通过对讲与各处负责人在线沟通，不再是传统的一

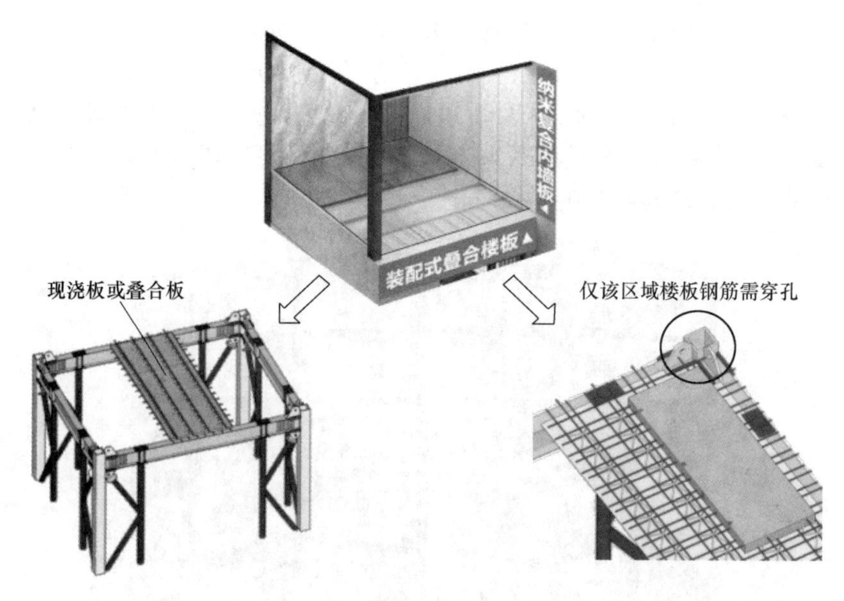

图 4-111　楼板结构

图 4-112　预制构件

个个传达，从根本上节约了沟通时间，提高了沟通效率，人力、物力调配更加合理。现场监控视频和现场调度分别如图 4-113 和图 4-114 所示。

4.6.4.5　项目管控平台

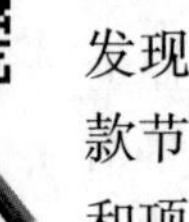

通过智能一体化平台的建设，解决一线员工痛点问题，通过平台自动进行采集，综合进行分析，利用数据，模块化标准化管理。粗放式转为精细化管理，及时发现问题，找出应对措施，并建立相应的流程控制及预警机制。盯紧在建项目的收款节点，对于亏损的在建项目，制作有效应对措施。扫码查看企业级项目管理平台和项目级 BIM 5D 平台。

图 4-113 现场监控视频

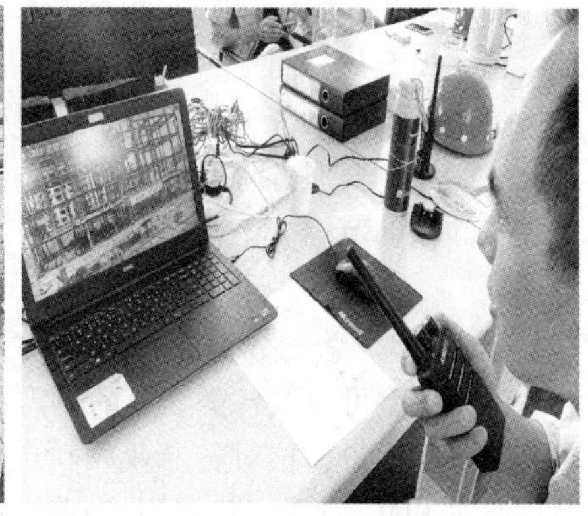

图 4-114 现场调度

4.6.4.6 质量、安全信息管理

集团的项目信息化管理平台质量安全窗口，实现了项目的质量、安全管理可追溯性；明确了责任人、问题部位，杜绝了以往各项目部之间的扯皮现象。公司安全检查员、质量监督员在现场进行监督检查时，可通过手机将安全、质量等问题上传到项目管理信息平台上，项目部相关区域管理者根据上级领导提出的问题要求进行整改。整改后将处理好的照片上传到信息平台上，提交上级领导检查。公司检查员在平台上就提交的内容进行复查，形成“提问-解决-提交”的可追溯性管理。扫码查看项目管理平台。

基于 BIM 5D 技术的质量安全管理在数据采集方面可利用移动端手机进行问题跟踪取证，图片与模型实现关联，数据可上传至项目技术等部门。系统对质量问题进行记录、分析、整理，并与相关责任人员和参与单位共享数据和解决方案。利用 BIM 技术可随时跟踪查看质量问题，提出整改方案及时间期限，及时了解项目质量状况。安全问题管理系统如图 4-115 所示。扫码查看质量管理系统和质量问题列表。

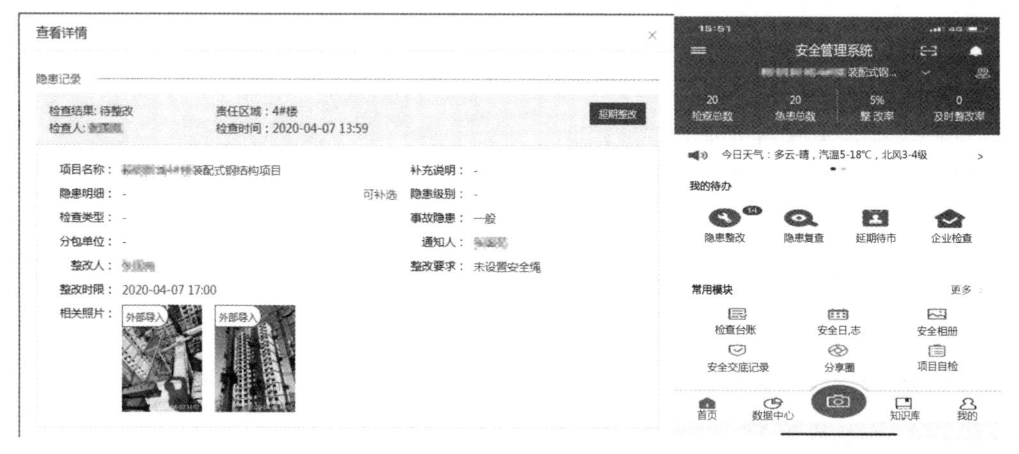

图 4-115 安全管理系统

4.6.4.7　成本管理

BIM 模型与合同预算、成本预算关联可快速提取计划和已完建筑实体工程量，开展进度款申报和分包工程量审核；利用 BIM 5D 可将预算成本拆分到各个实体模型及时间段，开展各阶段成本计划、控制、核算、分析等精细管理；通过模型查看变更所涉及的范围、工程量、进度等工作完成情况，可有效计算变更工程量和变更管理。

4.6.4.8　物资管理

BIM 模型可提取各类物资的供需计划，根据计划安排进场顺序，还可以查看各类物资实际用量，核对各专业领料单，进行资源用量分析，实现精细化物资管理；并且通过 BIM 5D 手机端可以实现技术交底统计、工序动画、交底台账和方案清单、方案审批和规范查询等功能。

附　录

附录 A　推荐文件目录结构

BIM 文件众多繁杂，为了便于管理，推荐使用以下文件目录结构

A.1　BIM 资源文件夹结构（以 Autodesk Revit 为例说明）

标准、模板、图框、族和项目手册等通用数据保存在中央服务器中，并实施访问权限管理。

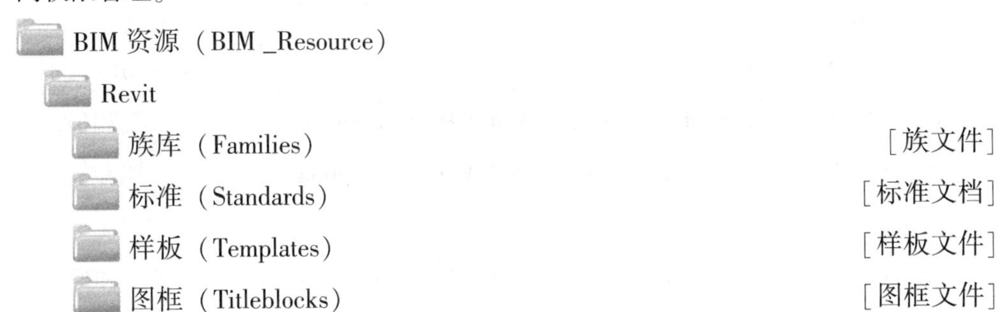

A.2　项目文件夹

项目数据也统一集中保存在中央服务器上，对于采用 Revit 工作集模式时，只有“本地副本”才存放在客户端的本地硬盘上。以下是中央服务器上项目文件夹结构和命名方式，在实际项目中还应根据项目实际情况进行调整。

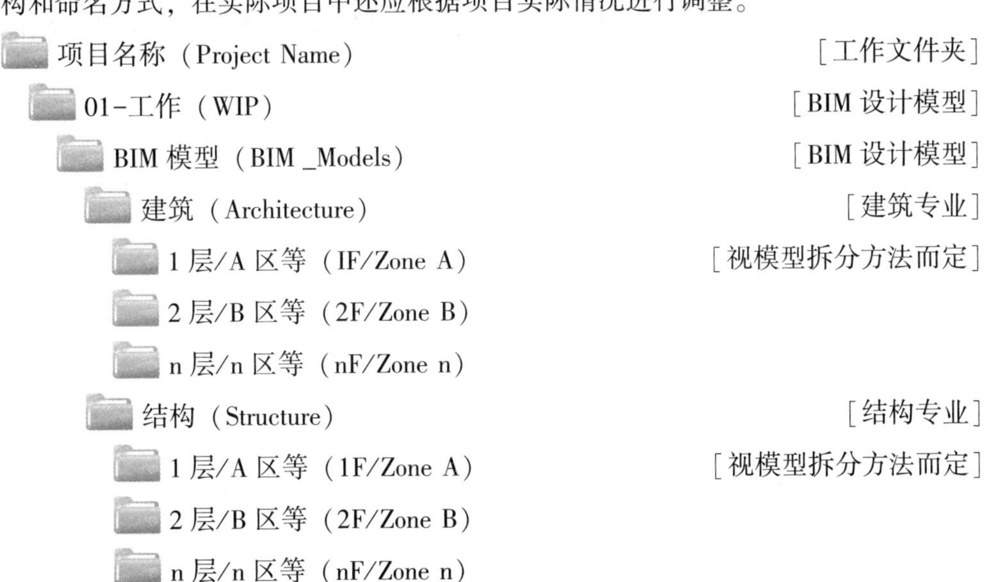

- 水暖电（MEP）　[水暖电专业]
  - 1 层/A 区等（1F/Zone A）　[视模型拆分方法而定]
  - 2 层/B 区等（2F/Zone B）
  - n 层/n 区等（nF/Zone n）
- 出图（Sheet _Files）　[基于 BIM 模型导出的 dwg 图纸]
- 输出（Export）　[输出给其他分析软件使用的模型]
  - 结构分析模型
  - 建筑性能分析模型

02-对外共享（Shared）　[给对外协作方的数据]
- BIM 模型（BIM _Models）
- CAD

03-发布（Published）　[发布的数据]
- YYYY. MM. DD _描述（YYYY. MM. DD _Description）　[日期和描述]
- YYYY. MM. DD _描述（YYYY. MM. DD _Description）　[日期和描述]

04-存档（Archived）
- YYYY. MM. DD _描述（YYYY. MM. DD _Description）　[日期和描述]
- YYYY. MM. DD _描述（YYYY. MM. DD _Description）　[日期和描述]

05-接收（Incoming）　[接收文件夹]
- 某顾问
- 施工方

注意：为避免某些文件管理系统或通过互联网进行协作造成的影响，文件夹名称不要有空格。

附录 B　推荐色彩规定

为了方便项目参与各方协同工作时易于理解模型的组成，特别是水暖电模型系统较多，通过对不同专业和系统模型赋予不同的模型颜色，将有利于直观快速识别模型。

B.1　建筑专业/结构专业

各构件使用系统默认的颜色进行绘制，建模过程中，发现问题的构件使用红色进行标记。

B.2　给水排水专业/暖通专业/电气专业

以下水暖电专业 BIM 模型色彩表以 2009 年 12 月 15 日发布，2010 年 1 月 1 日实施的《中国建筑股份有限公司设计勘察业务标准》的 CAD 图层标准为基础，并结合机电深化设计和管线综合的需求进行了细化和调整。

如果模型来自设计模型，可继续沿用原有模型颜色，并根据施工阶段的需求增加和调整模型颜色。如果模型是在施工阶段时创建，可参照本 BIM 模型色彩表（扫二维码查看）进行颜色设置。

BIM 模型色彩表

参 考 文 献

[1] 林瑞和，徐津平，赵树刚. Autodesk Revit Architecture 2014 官方标准教程 [M]. 北京：电子工业出版社，2014.

[2] 林瑞和，徐津平，赵树刚. Autodesk Revit MEP 2014 管线综合设计应用 [M]. 北京：电子工业出版社，2014.

[3] 张涛，孟丽英，刘斌，等. 北京新机场旅客航站楼及综合换乘中心（指廊）工程 BIM 应用 [J]. 土木建筑工程信息技术，2019，11（1）：39-47.

[4] 骆鹏飞，王强强，赵切，等. 北京新机场旅客航站楼及综合换乘中心钢结构工程 BIM 应用 [J]. 土木建筑工程信息技术，2019，11（2）：2-5.

[5] 任璆，戈宏飞. 三维建模 Rhinoceros 软件在幕墙设计中的应用 [J]. 机电工程技术，2010（7）：164-167.

[6] 陈继良，张东升. BIM 相关技术在上海中心大厦的应用 [J]. 建筑技艺，2011（1）：104-107.

[7] 王孝俊，吉乃木沙，龚永全. BIM 技术在国家会展中心（上海）幕墙工程中的应用 [J]. 上海建筑科技，2015，5：34-35，38.

[8] 丁华营，梁清淼，吴延宏，等. BIM 技术在华润深圳湾国际商业中心项目中的集成应用 [J]. 土木建筑工程信息技术，2016，8（2）：54-59.

[9] 张建平，余芳强，李丁. 面向建筑全生命周期的集成 BIM 建模技术研究 [J]. 土木建筑工程信息技术，2012，4（1）：6-14.

[10] 邓朗妮，罗日生，郭亮，等. BIM 技术在工程质量管理中的应用 [J]. 土木建筑工程信息技术，2016，8（4）：94-99.

[11] 陆泽荣，刘占省. BIM 应用与项目管理 [M]. 2 版. 北京：中国建筑工业出版社，2018.

[12] 张成林，贺启明. BIM 技术在施工阶段的应用策略研究 [DB/OL]. 2010 年中安协高峰论坛论文汇编，2020.

[13] 葛清，张强，吴彦俊. 上海中心大厦运用 BIM 信息技术进行精益化管理的研究 [J]. 时代建筑，2013，2：52-55.

[14] 陈甫亮. 基于 BIM 技术的施工方案优化研究 [D]. 长沙：长沙理工大学，2014.

[15] 刘占省，赵雪峰. BIM 技术与施工项目管理 [M]. 北京：中国电力出版社，2015.

[16] 王辉. 建设工程项目管理 [M]. 北京：北京大学出版社，2014.

[17] 张建平. 基于 BIM 和 4D 技术的建筑施工优化及动态管理 [J]. 中国建设信息，2010（2）：18-23.

[18] 刘占省，赵明，徐瑞龙. BIM 技术在建筑设计、项目施工及管理中的应用 [J]. 建筑设计开发，2013（3）：65-71.

[19] 丁士昭. 建设工程信息化导论 [M]. 北京：中国建筑工业出版社，2005.